Mercedes-Benz

DESIGN

EXTERIEUR

INHALT

BEGEGNUNG IN DER DRITTEN DIMENSION

DIE NEUE S-KLASSE IN 3D

S MB 1092

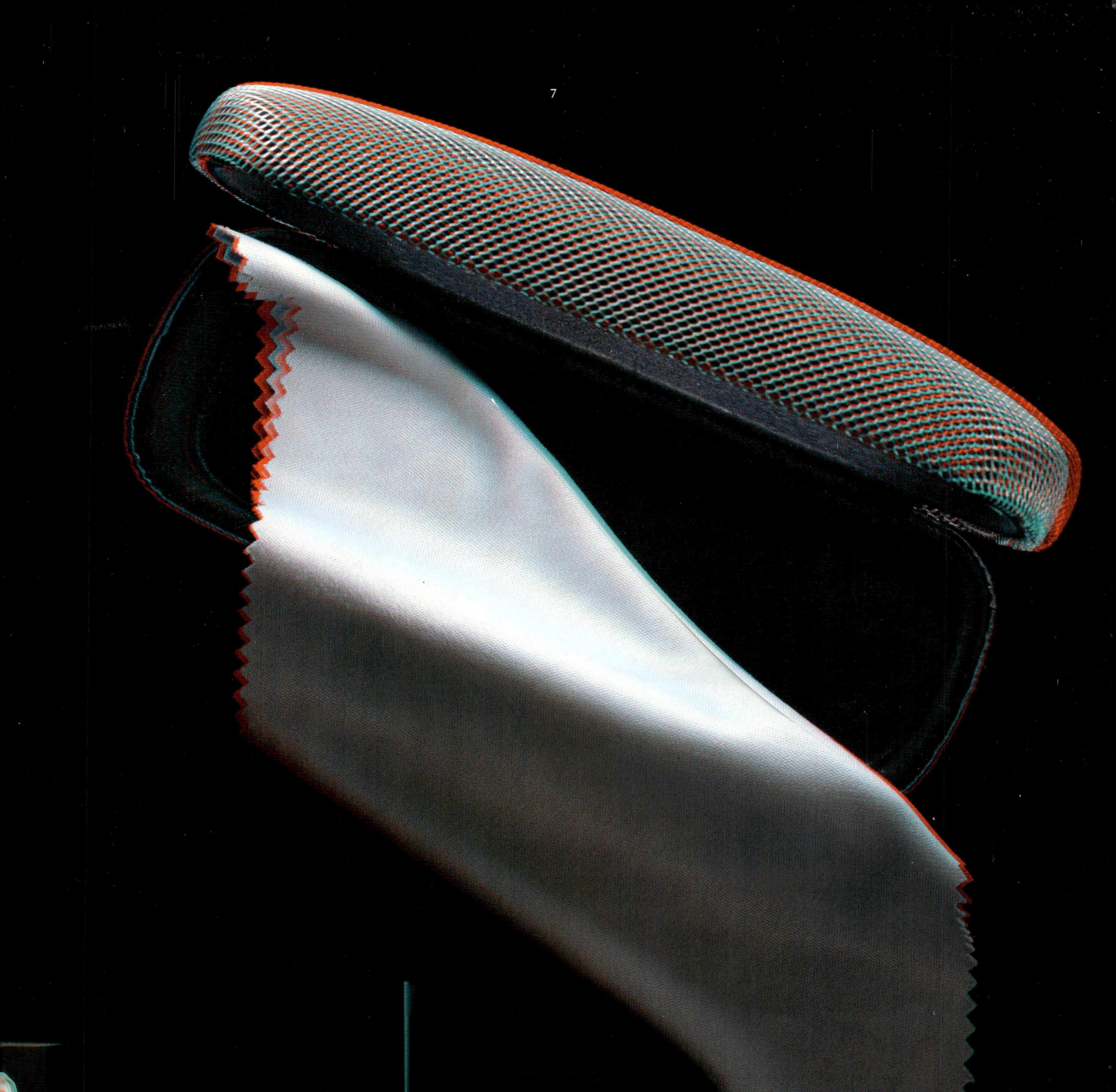

Mit der 3D-Brille beginnt ein Ausflug in die dritte Dimension. Die S-Klasse in Stereoskopie: Ein 3D-Rundgang um die Luxuslimousine mit ebenso faszinierenden wie einzigartigen An- und Einblicken.

Den besten 3D-Effekt erzielt man bei guten Lichtverhältnissen und durch direkte Aufsicht auf die Fotos. Mitunter dauert es einige Sekunden, bis das Gehirn die neue Sichtweise realisiert hat und die Fotos zu einem räumlichen Bild zusammenfügt. Das hier verwendete 3D-Verfahren basiert auf den Filterfarben Rot (linkes Auge) und Cyan (rechtes Auge).

Das erste Mal – Bewegende Momente

Es gibt Momente, die bleiben in Erinnerung. Ein Augenkontakt, ein Händedruck oder ein Bild, das man nicht mehr vergisst. Oft sind es nur Sekunden, doch ihre Wirkung ist von Dauer.

Die erste Begegnung mit der S-Klasse ist ein solcher Augenblick mit Folgen – ein buchstäblich bewegender Moment.

Nomen est omen

Der Name S-Klasse braucht keine Definition. Im Gegenteil: Er ist die Definition. Ein Markenzeichen. Der Inbegriff für Automobile der besonderen Art – für Ausnahmeerscheinungen in Design und Technik.

Unverkennbar S-Klasse

Die neue S-Klasse steht bereit. Das Design setzt auf Kontinuität – auf evolutionäre Schritte anstatt auf Brüche.

So ist die Luxuslimousine spontan als Mercedes-Benz zu erkennen und betont dennoch ihren selbstbewussten, eigenständigen Charakter.

Reizvolle Kontraste

Die Luxuslimousine ist der Protagonist eines neuen Designstils, der scheinbare Gegensätze vereint: Emotion mit Innovation, Sinn mit Sinnlichkeit, Sportlichkeit mit Eleganz, Tradition mit Zukunft.

S MB 1092

Mercedes-Benz

Einsteigen, bitte

Die geöffnete Tür erlaubt einen ersten Einblick in das Interieur. Das ist die Einladung zu einem Erlebnis der feinen Art.

Schöne Stunden

Wie nähert man sich einem solchen Automobil? Am besten tief durchatmen, Platz nehmen und sich verwöhnen lassen. Schöne Stunden erleben und hoffen, dass die Zeit stehen bleibt.

Vier Mal Erster Klasse

Die Sprache des Interieurs ist eindeutig: Luxus pur – unaufdringlich aber dennoch unübersehbar; stilvolle Eleganz und hohe Perfektion in jedem Detail. Dazu ein großzügiges Raumgefühl, das sich schon nach kurzer Zeit in Wohlgefühl wandelt.

Stilvolle Symbiose

Die Instrumententafel ist ein Meisterstück funktionaler Ästhetik – ein buchstäblich schönes Beispiel für die Harmonie von Design und Technik.

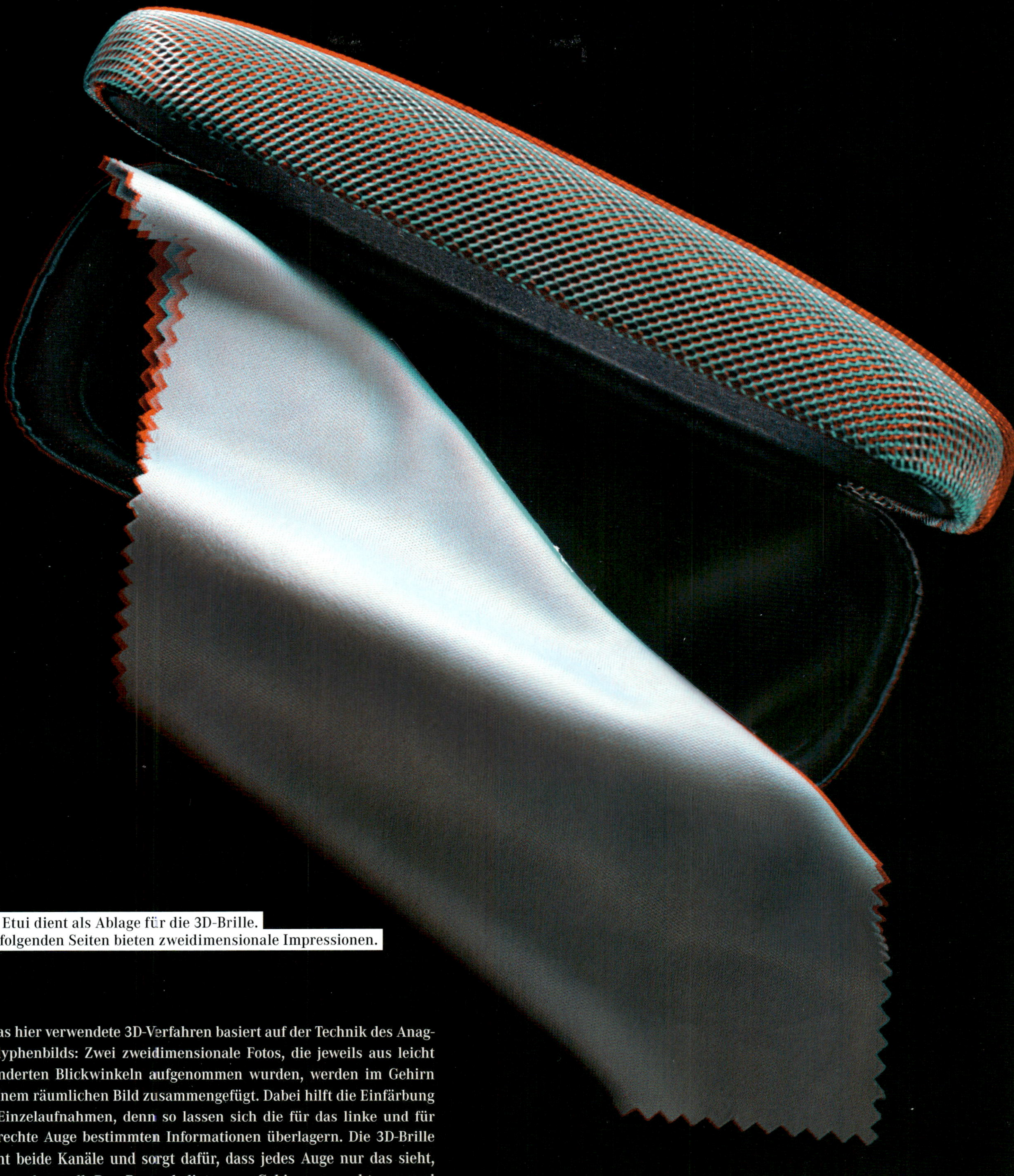

Das Etui dient als Ablage für die 3D-Brille.
Die folgenden Seiten bieten zweidimensionale Impressionen.

Das hier verwendete 3D-Verfahren basiert auf der Technik des Anaglyphenbilds: Zwei zweidimensionale Fotos, die jeweils aus leicht veränderten Blickwinkeln aufgenommen wurden, werden im Gehirn zu einem räumlichen Bild zusammengefügt. Dabei hilft die Einfärbung der Einzelaufnahmen, denn so lassen sich die für das linke und für das rechte Auge bestimmten Informationen überlagern. Die 3D-Brille trennt beide Kanäle und sorgt dafür, dass jedes Auge nur das sieht, was es sehen soll. Den Rest erledigt unser Gehirn; es macht aus zwei Einzelfotos ein räumliches Bild.

SCHÖNHEIT PUR

Die Natur als Leitbild:
Sinnliche Impulse für das
Automobildesign

PANTA RHEI

Alles fließt

Was wäre, wenn die Oberflächen der Autokarosserien nicht starr und fest, sondern weich und elastisch wären? Wenn sich das Blech quasi wie ein Tuch sanft über eine Form legte? Oder wenn man es in flüssigem Zustand über diesen Grundkörper ausbreiten könnte und es anschließend erstarrte? Zugegeben, das ist eine fantasiereiche Vorstellung. Eine Fiktion, denn Autos mit solcherart Blechkleidern lassen sich weder produzieren, noch wären sie alltagstauglich.

Indes: Die Vision ist faszinierend. So faszinierend, dass sich Mercedes-Designer mit diesem Thema beschäftigten und eine Skulptur entwarfen, die durch ihren weichen, natürlichen Formenverlauf beeindruckt – getreu dem Prinzip „Panta Rhei". Alles fließt.

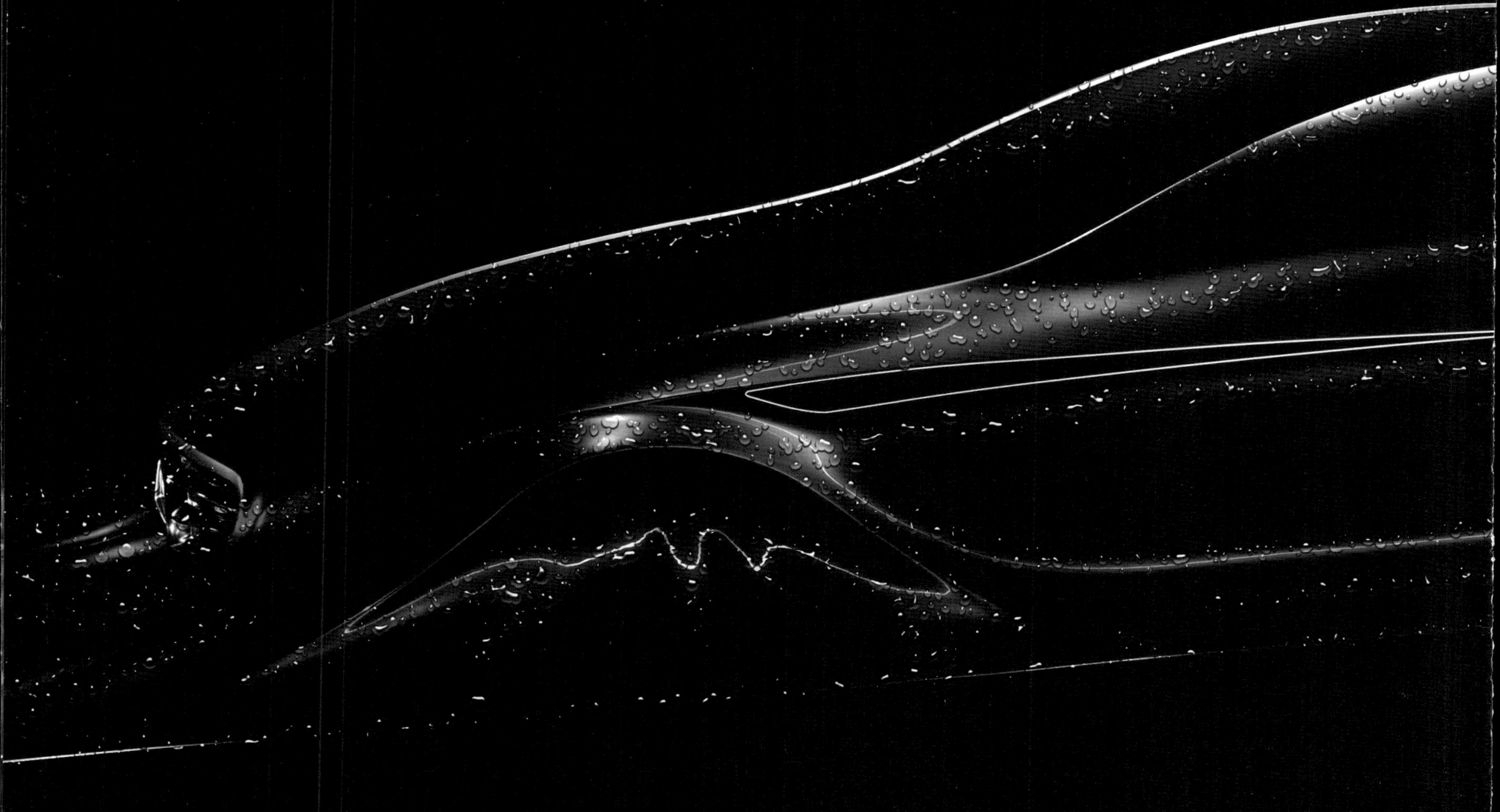

Fließende Formen, straff gezogene Linien und präzise Kanten

Das Formenspiel der Natur beflügelt die Kreativität der Designer

So lässt die Auto-Skulptur erkennen, wie Designer durch die Anmut der Natur inspiriert werden. Sie gehen mit offenen Augen durchs Leben, entdecken in Flora und Fauna Formen, Muster und Strukturen, die ihre Kreativität beflügeln. Das Ergebnis sind Autos von natürlicher Schönheit.

Auf dem Formenspiel der Natur gründet zum Beispiel ein wichtiges Stilmerkmal des modernen Designs von Mercedes-Benz: Der Dialog zwischen straff gezogenen Linien und elegant modellierten Flächen, der den Automobilen eine starke ästhetische Ausdruckskraft verleiht, erinnert an vom Wind geformte Sanddünen oder an Schneelandschaften. Auch hier grenzen markante Linien große Flächen ab und generieren aus dem Wechselspiel von Licht und Schatten eindrucksvolle Effekte. Ebenso weckt der lang gestreckte Bogen der Dachlinien vieler Modelle Assoziationen: Spontan denkt man an Wasser – an das sanfte Auf und Ab von Meereswellen. Ganz anders hingegen die präzisen Kanten im Heck: Sie sind so scharf geschnitten wie Felsformationen im Hochgebirge.

So betrachtet erscheinen die Automobile in mancher Hinsicht als ästhetische Transformationen nach dem Prinzip „Shaped By Nature“ – von der Natur geformt. Mehr darüber auf den folgenden Seiten.

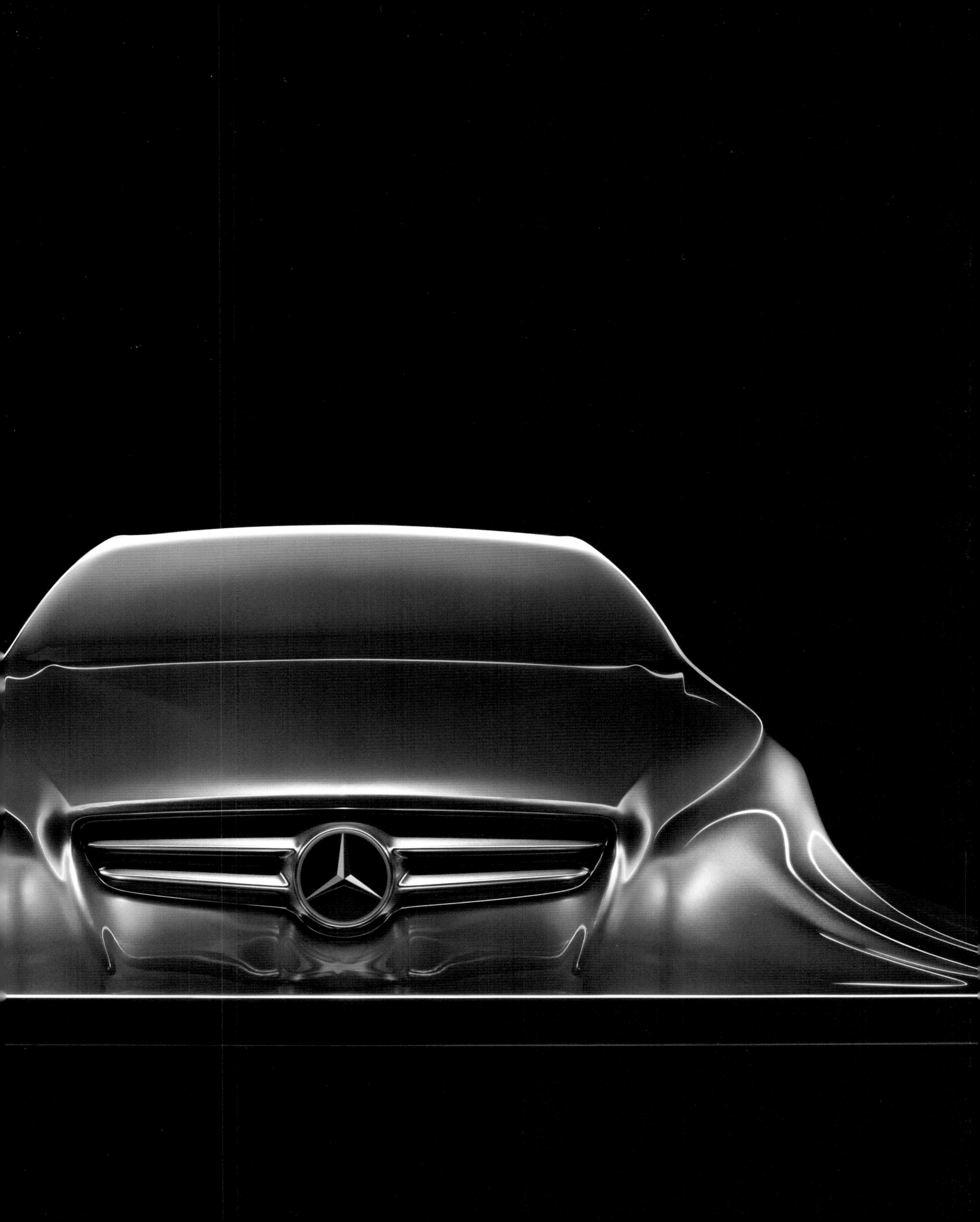

TRANSFORMATION

Vorbild Natur

Doppelte Schönheit – Fotokunstwerke symbolisieren die enge Verbindung von Natur und Design.

Markante Konturen

Scheinwerfer im ewigen Eis

Sinnliche Wölbungen

Harmonie der Formen

Fließende Linien

Design in der Formensprache
des Wassers

Sanfter Übergang

Dialog zwischen straffen Linien
und weichen Rundungen

Spannende Kontraste

Wechselspiel von Licht und Schatten

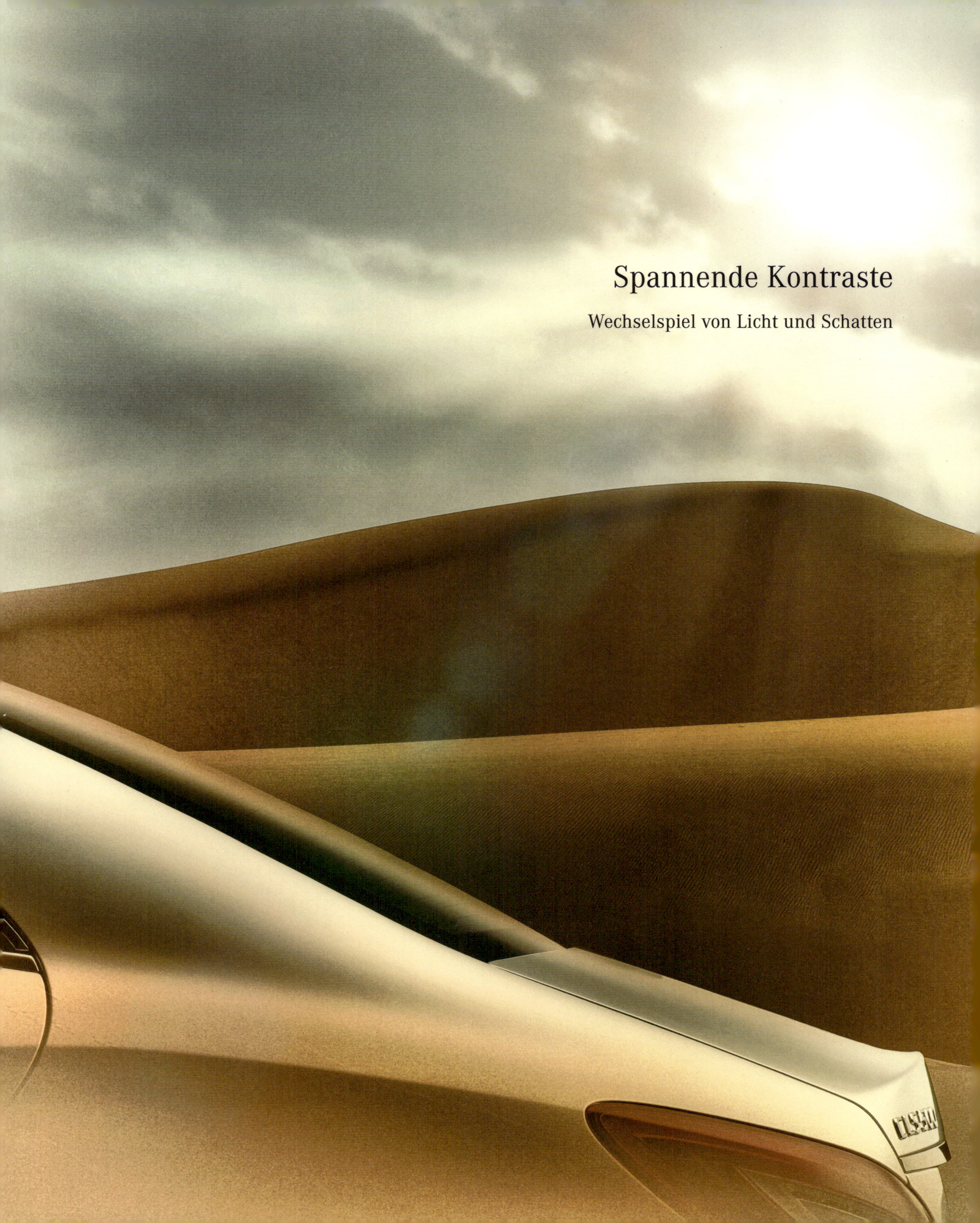

— „Kunst ist eine Harmonie, die parallel zur Natur verläuft“

Paul Cézanne,
französischer Impressionist 1839–1906

Die Natur als Vorbild. Schon vor mehr als 100 Jahren entdeckte der in Potsdam geborene Wissenschaftler und Künstler Ernst Haeckel diese formale Schönheit und Vielfalt. Er sprach von den „Kunstformen der Natur“ und widmete mehrere Bildbände diesem Thema. Sein Augenmerk galt jedoch nicht Landschaften, sondern Kleinstlebewesen wie Strahlentierchen, Seeanemonen, Fischen und Schnecken.

In diesem Mikrokosmos fand er eine Vielfalt an Formen, symmetrischen Strukturen und fantasievollen Mustern, die über Jahrmillionen von der Natur geschaffen worden waren. Minutiös hielt Haeckel seine Beobachtungen in hunderten Zeichnungen fest, von denen jede einzelne ein Kunstwerk für sich ist.

Der so dokumentierte Formenreichtum war zu Beginn des 20. Jahrhunderts für Maler, Bildhauer und Architekten eine Quelle der Inspiration. Die Formen der Natur dienten als Vorlage für ornamentale Kunstobjekte und prägten für lange Zeit auch viele Werke des Jugendstils.

Zwar sieht man heute die Welt mit anderen Augen, doch die Faszination der Natur ist ungebrochen. Ihr unerschöpflicher Formenreichtum und ihr beeindruckendes Farbenspiel zieht Künstler und Designer nach wie vor in den Bann. Begierig nehmen sie solche Impressionen auf, kombinieren sie mit eigener Kreativität und bringen Werke von besonderer Ausstrahlungskraft hervor.

„Shaped By Nature“ – das ist mehr als nur ein einprägsamer Slogan, der die Übertragung und Adaption natürlicher Formen beschreibt. Dahinter steckt eine gut durchdachte Philosophie: das Prinzip für anspruchsvolles Design mit Langzeitwirkung.

VON DER VISION ZUR WIRKLICHKEIT

Ein Blick in die Studios von Mercedes-Benz. So entsteht Design

EVOLUTION

Ideen
kommen in Fahrt

Skizze und Serie

Zwischen der ersten Ideenskizze und dem serienreifen Modell liegt ein mehrjähriger kreativer Prozess, in dem Design und Technik – Form und Funktion – zusammenfinden.

Evolution bedeutet Veränderung. Kontinuierliche Weiterentwicklung. Niemals stillstehen, sondern voranschreiten und immer nach dem Optimum streben. Evolution bedeutet auch auszuwählen. Nur das Beste setzt sich durch und bekommt die Chance, sich zu bewähren. Dieses Prinzip gilt nicht nur in der Natur, auch die Designentwicklung neuer Automobile ist ein evolutionärer Prozess.

Am Anfang steht ein Auftrag: Die Entscheidung für ein neues Fahrzeugprojekt. Ideen sind gefragt – neue Formen für ein Mercedes-Modell, das in fünf oder sechs Jahren auf den Markt kommen wird. Das bedeutet vorauszudenken. Wie wird sich die Mobilität in den nächsten Jahren entwickeln? Welche Ansprüche werden die Kunden stellen, wie können sie für das neue Modell begeistert werden? Das sind einige der Fragen, die das Designteam antreiben. Fragen, die sie beantworten wollen.

Eine Reise in die Zukunft beginnt. Ihre Startpunkte liegen in Deutschland, Italien, Japan, China und den USA, den Standorten der Designstudios von Mercedes-Benz. Drei Kontinente, vier Nationen – das verspricht die stilistische Vielfalt, die man braucht, um über viele Jahre im Voraus zu erkennen, wohin der Trend in Sachen Automobildesign führt und wie sich die Erwartungen der Kunden entwickeln werden. Bei dieser stilistischen Zukunftsforschung sind regionale Sichtweisen und Inspirationen durchaus beabsichtigt, ja sogar ausdrücklich gewünscht. „Aus unterschiedlichen Kulturen, Lebens- und Denkweisen schöpfen wir die Ideen für die kontinuierliche Weiterentwicklung unseres Designs", heißt es bei Mercedes-Benz.

Phase 1: Visionen, die bisher nur als Gedanken in den Köpfen der Designerinnen und Designer existierten, werden zu Papier gebracht. Hunderte Skizzen entstehen, werden diskutiert, verändert und wieder aufs Neue gezeichnet. Bereits jetzt beginnt der Evolutionsprozess. So haben die Designer in einer mehrwöchigen Ideenphase alle Freiheiten, um ihrer Fantasie und ihrer Kreativität freien Lauf zu lassen. Hier ist kein Platz für Sachzwänge – nur für Inspirationen, für Emotionen und für Leidenschaft. Denn Autos werden stets sinnlich wahrgenommen und deshalb sollten sie vor allem mit dem Herzen gestaltet werden. Und mit der Courage, neue Wege zu gehen. Beides sei wichtig, um einen neuen Mercedes-Benz zu designen. Ein Auto, das nicht nur auf technischem Gebiet die Rolle eines Schrittmachers übernimmt, sondern stets auch formal neue Impulse geben soll.

Am Ende dieser ersten Phase bleiben meist rund ein Dutzend Entwürfe, die sich für die nächste Runde auf dem (noch langen) Weg in Richtung Serienproduktion qualifiziert haben. Für das Designteam ist diese Art der Evolution zwar stets schmerzhaft, doch sie gehört zum Berufsalltag. Denjenigen, deren Vorschläge nicht ausgewählt wurden, bleibt die Gewissheit, dass jede Idee ein Teil der Entwicklung war und half, das beste Ergebnis zu finden.

Doch das Auswahlverfahren ist noch nicht zu Ende. Rasch geht es von der zweidimensional dargestellten Vision in die dreidimensionale Skulptur aus Modellierton – eine unerbittliche Zäsur im Designprozess. Erst jetzt offenbart sich, ob die Idee einer Zeichnung auch dann noch fasziniert, wenn der Karosserieentwurf konkrete Gestalt annimmt und aus allen Blickwinkel betrachtet werden kann. Es ist eine Stunde der Wahrheit, in der manches neu überdacht werden muss, zumal sich die Modelle auch bereits an den sogenannten Hardpoints orientieren. Das sind jene Maße, die zum Beispiel über Größe und Platzangebot des künftigen Modells bestimmen. Sachzwänge also, die das Ende der freien, emotionalen Ideenphase besiegeln.

Unterdessen geht die Entwicklung weiter. Immer wieder werden die Entwürfe modifiziert, verfeinert und verbessert, bis schließlich nur noch eine Handvoll Modelle übrig bleibt, die in das Finale vorrücken, aus dem schließlich nur einer als Sieger hervorgehen wird. Einer von ursprünglich über hundert Entwürfen: der Beste.

Das ist das Prinzip der Evolution.

Drei Kontinente – viele Kulturen

Die Designstudios in Deutschland, Italien, China, Japan und den USA bilden ein multinationales Kreativ-Netzwerk

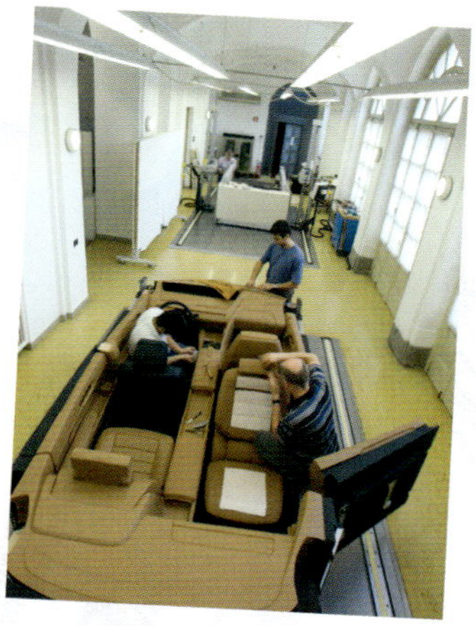

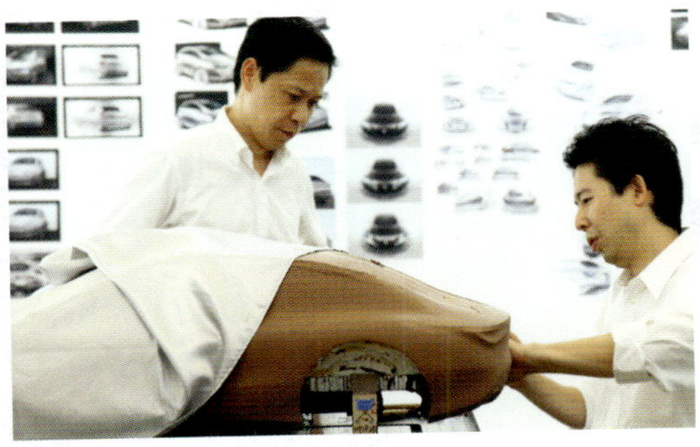

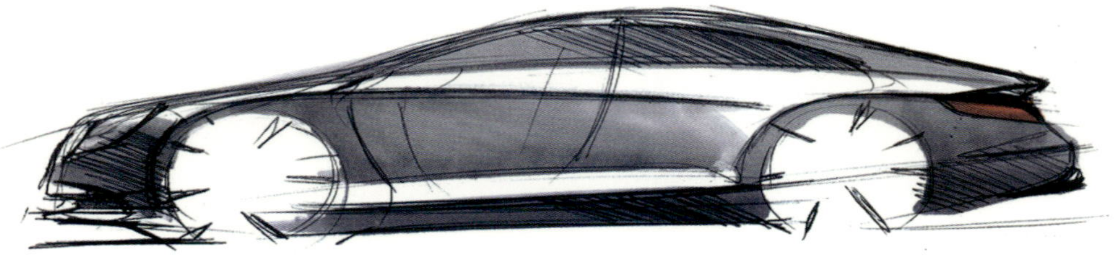

IDEEN UND INSPIRATIONEN:

DIE „EMOTIONALE PHASE“

Große Ideen entstehen oft im Kleinen – zum Beispiel mit zwei schwungvollen Linien auf einem Blatt Papier, der Bleistiftskizze einer Seitenansicht oder dem Grundriss einer Karosseriesilhouette. Mit Kreativität und Können verfeinert, wachsen solche Fantasien zusammen und zeigen schließlich die Formen eines neuen Autos. „Emotionale Phase“ heißt dieser erste Entwicklungsschritt. Hier geht es darum, die Ideen der Designer zu sammeln und die gestalterischen Potenziale eines neuen Projekts auszuloten. Zeichenblock und Farbstift sind beliebte Hilfsmittel, um Visionen zu fixieren und neue Formen zu skizzieren, doch immer häufiger greifen die Designer auch zu Maus und elektronischem Grafiktablett. Denn Computer vervielfältigen die kreativen Möglichkeiten; sie erlauben es, verschiedene Varianten oder Perspektiven eines neuen Autos zu zeigen und die Entwürfe mit geringem Aufwand zu modifizieren. Doch was in dieser Designphase vor allem zählt, sind Emotionen: Leidenschaft fürs Auto, Begeisterung für Technik und – nicht zuletzt – gute Ideen.

MASSARBEIT:

DAS PACKAGE

Erstmals treffen in dieser Phase der Modellentwicklung Design und Technik aufeinander. Es geht darum, die stilistischen Vorstellungen mit der Maßkonzeption des neuen Modells in Einklang zu bringen. Das sind die sogenannten „Hardpoints", die der Kreativität gewisse Grenzen setzen. Dazu zählen nicht nur die Abmessungen der Karosserie oder der Radstand , sondern auch die „inneren Werte": Lässt das Designkonzept genügend Platz, um Motor und Fahrwerk unterzubringen? Bietet das Interieur den Passagieren einen guten Raumkomfort? Stimmen die Neigung von Frontscheibe und A-Säule? Hat der Autofahrer eine gute Rundumsicht? Der Computer, in dem die Designentwürfe und das sogenannte Proportionsmodell des künftigen Autos gespeichert sind, beantwortet solche Fragen nach einem Mausklick, sodass frühzeitig die Voraussetzungen für ein technisch und stilistisch perfektes Gesamtergebnis geschaffen werden.

WACHSTUMSPROZESS:

DIE TONMODELLE

Trotz ideenreicher Skizzen und wirklichkeitsgetreuer Computermodelle, Entscheidungen über das Design eines künftigen Modells werden nicht in der virtuellen Welt getroffen. Denn anders als jedes digitale Abbild bringt die Realität das wahre emotionale Designerlebnis am besten auf den Punkt. Deshalb ist jetzt Handwerkskunst gefragt: In oft wochenlanger Detailarbeit übertragen Modelleure die besten Exterieurentwürfe in die reale Welt. Präzise zeigen ihre Tonmodelle im Maßstab 1:4 Rundungen, Linienverläufe und andere Details und lassen erkennen, ob die Ideen der Designer die gewünschte Wirkung entfalten. Parallel werden freilich auch die virtuellen Modelle weiter verfeinert, deren Daten später wieder benötigt werden.

EINER WIRD GEWINNEN:

DIE MODELLAUSWAHL

Wer die Wahl hat, hat die Qual. Diese Spruchweisheit gilt auch im Gestaltungsprozess neuer Automobile. Nachdem sich die Anzahl der Entwürfe bereits in den ersten Phasen der Designentwicklung deutlich verringert hatte, stehen jetzt noch die verschiedenen 1:4-Modelle im Wettbewerb. Sie haben inzwischen noch mehr Ähnlichkeit mit einem richtigen Auto: Außenspiegel, Kühlermaske, Räder, Scheinwerfer und Rückleuchten werden originalgetreu dargestellt, während der Karosseriekörper mit einer speziellen Lackfolie bespannt wird und deshalb zum Beispiel auch das Zusammenspiel von Licht und Schatten an der Karosserieoberfläche erkennen lässt. So zeigen sich die Modelle buchstäblich von ihrer besten Seite und stellen sich zur Wahl. Motto: Einer wird gewinnen.

NEUE DIMENSIONEN:

DIE 1:1-MODELLE

Der „Wachstumsprozess" des künftigen Mercedes-Modells wird fortgesetzt: Die Entwürfe, die den Auswahlwettbewerb der 1:4-Phase erfolgreich absolviert haben, dienen jetzt als Vorlagen für die Herstellung der Designmodelle im Format 1:1. Sie bestehen aus einem speziellen Polyurethan-Schaumstoff, der mithilfe computergesteuerter Fräsen maßgenau in Form gebracht wird. Dabei unterstützen die Daten des digitalen Designmodells die Arbeit der Modelleure, denn mit ihrer Hilfe lassen sich die Werkzeuge millimetergenau steuern, sodass Schritt für Schritt die Formen und Konturen des neuen Modells sichtbar werden. Handwerkliche Präzisionsarbeit sorgt anschließend dafür, dass auch Wölbungen, Linien, Sicken und andere formale Finessen präzise zum Vorschein kommen. Am Ende dieser Gestaltungsphase steht ein lebensgroßes „Auto", das sich erst auf den zweiten Blick als Modell zu erkennen gibt.

WILLKOMMEN ZU HAUSE:

DIE INTERIEURGESTALTUNG

Während die Exterieurdesigner die Karosserie gestalten und die Form Schritt für Schritt verfeinern, nimmt auch der Innenraum des künftigen Modells Gestalt an. Diese Aufgabe rückt immer stärker in den Fokus der Automobilentwicklung, denn im Innenraum wird der Kontakt zwischen Mensch und Auto buchstäblich hautnah; hier erlebt der Autofahrer Design und Technik mit allen Sinnen. Deshalb haben sich die Mercedes-Designer zum Ziel gesetzt, Wohlfühl- und Erlebniszonen zu schaffen: Interieurs, die durch schöne Formen, angenehme Farben, authentische Materialien und moderne Displayanzeigen faszinieren und den Passagieren zugleich ein Gefühl der Ruhe, Geborgenheit und Entspannung vermitteln. Kurz gesagt: ein rollendes Zuhause.

BITTE PLATZ NEHMEN:

DAS INTERIEURMODELL

Nach der Vorauswahl verschiedener Entwürfe, die anhand von Skizzen und digitalen Modellen erfolgt, beginnt auch für das Interieurdesign die Phase der Realisierung. Dies geschieht mithilfe sogenannter Sitzkisten: Sie werden von Modelleuren aus verschiedenen Materialien wie Schaumstoff, Aluminium, Messing, Plexiglas und Holz aufgebaut und vermitteln einen realistischen Eindruck des späteren Auto-Interieurs. Und zwar in Originalgröße. So lassen sich nicht nur alle Details testen, die Sitzkiste vermittelt auch einen ersten Eindruck vom Raumgefühl, das Fahrer und Beifahrer in dem künftigen Automodell erleben werden.

FARBE BEKENNEN:

COLOUR & TRIM

Stoffe, Leder, Holz, Aluminium, Farben – das ist die Welt der Colour & Trim-Designer. Ihre Aufgabe ist es, die Farben und Materialien auszuwählen und aufeinander abzustimmen, die das Auto-Interieur „kleiden" und es wohnlich machen. Das ist eine komplexe Aufgabe, zumal jeder Mensch eigene Vorstellungen und Präferenzen hat. Deshalb ist Individualisierung ein wichtiger Grundsatz für die Interieurausstattung: In jeder Modellreihe bietet Mercedes-Benz eine große Auswahl an Zierteilen, Sitzbezügen und Farben zur Auswahl an, die das Colour & Trim-Team sorgfältig auswählt und geschmackvoll miteinander kombiniert.

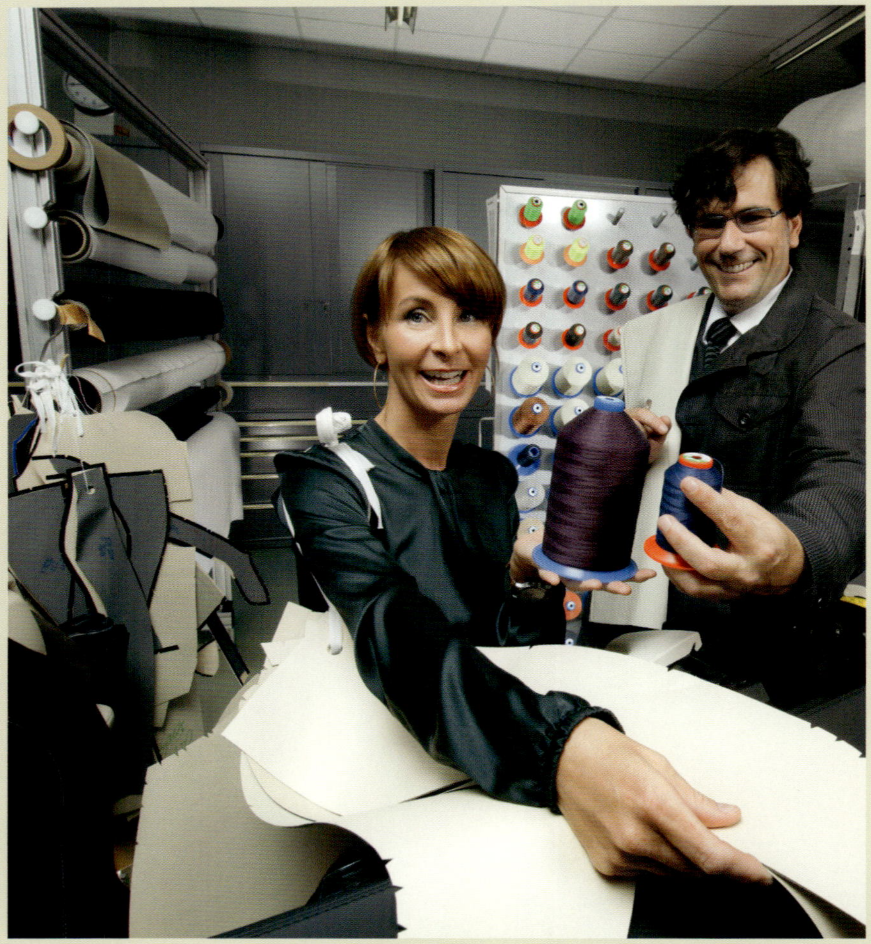

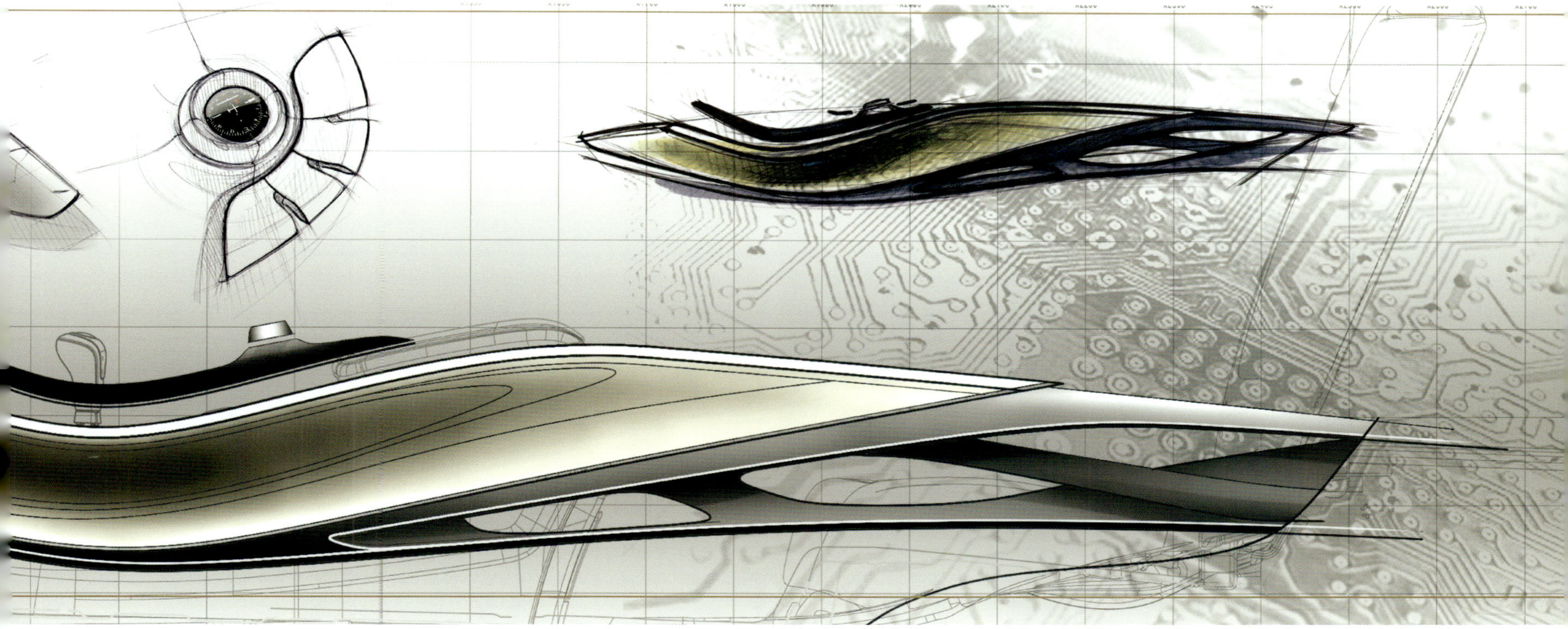

TECHNIK ERLEBEN:

DAS BEDIEN- UND ANZEIGEKONZEPT

User Interface Design nennen Fachleute diesen Bereich der Designentwicklung, bei dem es um die Gestaltung der Bedien- und Anzeigeelemente geht. Die Arbeit der Designer entscheidet nicht nur darüber, ob die Automobilbedienung präzise und intuitiv beherrschbar ist, sondern obendrein auch Freude bereitet. Denn die formvollendete Integration der Schalter, Taster und Regler in das Designkonzept steht beim User Interface Design ebenso im Vordergrund wie die angenehme Wahrnehmung beim Berühren der Bedienelemente oder das sanfte Klicken beim Tastendruck. Ein weiteres Aufgabenfeld ist die Gestaltung der Instrumente und Displayanzeigen. Fotorealistische Darstellungen, Illustrationen, Grafiken und übersichtliche Skalen sollen die Bedienvorgänge auch zum visuellen Erlebnis für den Autofahrer machen.

DIE „HOCHZEIT“:

DAS EXTERIEUR-/INTERIEURMODELL

In dieser Phase der Designentwicklung wächst zusammen, was zusammen gehört: Erstmals werden Exterieur und Interieur in Originalgröße miteinander vereint. Es entstehen Modelle, die dem späteren Serienauto schon sehr nahe kommen: Man kann die Türen öffnen und hinter dem Lenkrad oder im Fond Platz nehmen. So ermöglichen diese Modelle den allerletzten Feinschliff für Formen, Farben und Materialien unter „Echtbedingungen“. Nur beim Druck auf eine der Tasten in der Mittelkonsole oder beim genauen Blick auf das Farbdisplay wird der Unterschied zu einem richtigen Auto deutlich: Unter den Kunststoffkarossen der Exterieur-/Interieurmodelle gibt es keine Technik – alles nur schöner Schein.

ENDE GUT... :

DIE MODELLABNAHME

Die Stunde der Wahrheit. „High Noon“ im Design-Entwicklungsprozess eines künftigen Mercedes-Benz: Der Chefdesigner und die Leiter der verschiedenen Designbereiche kommen zusammen, um die 1:1-Modelle in allen Einzelheiten zu prüfen und zu genehmigen. Danach folgen nur noch zwei wichtige Stationen auf dem Weg zum Serienstart: Die endgültige Freigabe durch den Vorstand und damit der sogenannte „Design-Freeze“ – der Tag, an dem Exterieur und Interieur ihren endgültigen Stand erreicht haben und das Design quasi „eingefroren“ wird.

Juicy Salif

Philippe Starck zeigt, wie schön alltägliche Gebrauchsgegenstände sein können. Seine Zitruspresse gehört zu den Design-Klassikern.

KUNST FÜR DEN ALLTAG

Die Geschichte des Produktdesigns

FORMGEBUNG

Vom Mustermacher
zum Designer

Treffpunkt Köln

Der Deutsche Werkbund engagiert sich ab 1907 für ein neues Qualitätsbewusstsein bei der Produktgestaltung. In Köln findet 1914 die weltweit erste Designausstellung statt.

Die Spur führt nach Großbritannien. Ein Land im Umbruch. Die Industrialisierung schreitet immer weiter voran – das Ende handwerklicher Herstellungsverfahren ist in Sicht. Aus Werkstätten werden Fabriken. Wo früher jedes Produkt Stück für Stück von Hand gegossen, gebogen, gestrickt oder genäht wurde, übernehmen Maschinen den Großteil der Arbeit. Sie schaffen höhere Stückzahlen, arbeiten produktiver und damit kostengünstiger, sodass die Produkte für immer mehr Menschen erschwinglich werden. Massenproduktion statt Manufaktur.

Viele müssen umdenken. Wenn der Herstellungsprozess auf viele Arbeitsstationen verteilt wird und Maschinen tausendfach Einzelteile ausspucken, die erst später zum Ganzen zusammengefügt werden, dann ist vor allem eines gefordert: Präzision. Jedes Bauteil muss passgenau sein, damit der Zusammenbau einfach und schnell gelingt. Doch schon bald wird klar, dass Maßzeichnungen und Konstruktionsskizzen dafür nicht ausreichen. Man braucht Prototypen, die nicht nur über die Dimensionen des Produkts informieren, sondern auch seine Formen und Verzierungen präzise definieren. So entsteht ein neuer Berufszweig: In England spricht man vom „Modeller", in Deutschland vom „Mustermacher". Er soll Technik und Ästhetik in Einklang bringen.

Bildhauer, Maler, Bühnenbildner oder Architekten übernehmen diese Aufgabe und stehen den Ingenieuren bei Produktgestaltung und Protypenbau zur Seite. Doch die Ergebnisse der stilistischen Arbeit sind dürftig. Den Künstlern im Industrieauftrag fehlt der Mut, neue Wege zu gehen. Statt dessen orientiert man sich an Vorbildern aus der Zeit der Romantik und des Biedermeierstils, schmückt die Produkte mit ebenso antiquierten Ornamenten oder bringt plumpe Formen hervor, die längst nicht mehr in die neue Zeit passen. Kritik wird laut. Das „Journal Of Design", das Mitte des 19. Jahrhunderts in London erscheint und erstmals den Begriff „Design" verwendet, prangert den Historismus und die damit verbundene Ideenlosigkeit der ersten Produktgestalter an. Doch es wird noch viele Jahre dauern, bis sich ein modernerer Stil etabliert. Einer seiner Protagonisten ist der Dresdner Architekt Gottfried Semper, der 1860 sein Buch „Der Stil in den technischen und tektonischen Künsten" veröffentlicht. Darin geht es um die Gestaltung von Gebrauchsgegenständen: Semper betont das Zusammenspiel von Funktion (Gebrauch) und Gestalt, spricht erstmals von „praktischer Ästhetik" und entwickelt damit ein Leitbild, das Fachleute als Grundlage des modernen Produktdesigns betrachten.

Noch konkreter wird Sempers Kollege Christopher Dresser, der Mitte der 19. Jahrhunderts in London an der Government School of Design lehrt und später als freier Designer arbeitet. In seinen „Principles Of Decorative Design" hebt er die ursprüngliche Bedeutung der Produktgestaltung hervor: Design sei eine Kunst, die auf die industrielle Produktion angewandt und abgestimmt werde. Zu den Hauptaufgaben des Designers gehöre der Entwurf einer schönen Grundform. „What is wanted before all other considerations, is a fine general form – a harmony of all."

Mit dem Ziel „der Veredelung der gewerblichen Arbeit im Zusammenwirken von Kunst, Industrie und Handwerk" wird im Oktober 1907 in München der Deutsche Werkbund (DWB) gegründet. „Hier arbeiten Künstler mit Handwerkern und Fabrikanten zusammen und zwar gegen den Schund zugunsten der Qualitätsarbeit. Es handelt sich um den Geschmack als moralische Angelegenheit, aber Moral ist hier gleichbedeutend mit Volkswirtschaft", notiert Hermann Hesse über den Bund und unterstreicht damit eines der wichtigsten Anliegen dieser Vereinigung: Produkte aus Deutschland sollen sich durch ihre künstlerisch anspruchsvolle Formgestaltung unterscheiden. Design soll zum Markenzeichen werden – und zum Erfolgsfaktor.

— „Wir brauchen langlebige Qualitätswaren, die eine sorgfältige Modellentwicklung voraussetzen.“

Bauhausschüler Wilhelm Wagenfeld, 1900 bis 1990

Zu den Bauhausmeistern der 1920er-Jahre gehören (von links): Josef Albers, Hinnerk Scheper, Georg Muche, László Moholy-Nagy, Herbert Bayer, Joost Schmidt, Walter Gropius, Marcel Breuer, Wassily Kandinsky, Paul Klee, Lyonel Feininger, Gunta Stölzl und Oskar Schlemmer.

Beispiele eines neuen, zeitgenössischen Stils für Architektur, Innenraum- und Produktgestaltung präsentiert man im Mai 1914 in Köln der Öffentlichkeit. Konrad Adenauer, damals 36-jähriger Beigeordneter im Rat der Domstadt, lädt die Mitglieder des DWB zur Kölner Werkbundausstellung ein, stellt dafür ein 350 000 Quadratmeter großes Gelände am Rheinufer zur Verfügung und unterstützt die Ausstellung mit fünf Millionen Goldmark aus dem Etat der Stadt. Es ist die weltweit erste Designausstellung. Sie soll bis Herbst 1914 bestehen bleiben, doch der Beginn des Ersten Weltkriegs sorgt schon im August des Jahres für ein vorzeitiges Ende.

Zu den Gründungsmitgliedern des Deutschen Werkbunds gehört Peter Behrens, der erste deutsche Industriedesigner. Er hat eigentlich Malerei studiert, beweist sein Talent aber auch als Architekt, Grafiker und Kunsthandwerker. 1907 erhält der gebürtige Hamburger vom Elektrokonzern AEG einen Auftrag, den bis dato kein anderes Unternehmen erteilt hatte: Es geht um die Entwicklung einer firmeneigenen Designphilosophie – um „Corporate Identity“ wie man heute sagt. AEG ist damals eines der weltweit führenden Unternehmen der Elektrobranche und beschäftigt rund 70 000 Mitarbeiter. Behrens wird „künstlerischer Beirat“ der AEG und gibt dem Unternehmen buchstäblich ein neues Gesicht. Er widmet sich nicht nur dem Design der Haushaltsgeräte, sondern prägt ein ganzheitliches Erscheinungsbild – vom Firmenlogo bis zum Briefbogen, vom Prospekt bis zur Architektur der Fabrikhallen. Der damalige AEG-Slogan „Perfekt in Form und Technik“ spiegelt dieses Engagement treffend wider. So macht sich Behrens als Vorkämpfer des modernen Industriedesigns einen Namen. Sein Architekturbüro, in dem er zeitweise berühmte Gestalter wie Walter Gropius, Ludwig Mies van der Rohe und Le Corbusier beschäftigt, entwirft auch Firmengebäude für andere Großunternehmen wie Continental, Hoechst oder Mannesmann.

„Formmeister“ – diesen Begriff prägt im April 1919 eine Gruppe von Künstlern und Architekten, die eine der weltweit bedeutendsten Kunstschulen gründen: das Bauhaus. Sie entsteht in Weimar und entwickelt sich innerhalb weniger Jahre zur Keimzelle einer neuen, modernen Formensprache, die das Ziel hat, neben hohem künstlerischen Anspruch auch den industriellen Herstellungsprozessen gerecht zu werden. „Kunst und Technik – eine neue Einheit“ lautet einer der Leitsätze für das Studium am Bauhaus. Man spricht von „industrieller Formgestaltung“ und propagiert einen Geist der reduzierten Form: unaufdringlich, sachlich, funktional, aber dennoch in hohem Maße ästhetisch. Die Bauhaus-Definition dieses Stils lautet schlicht „Form ohne Ornament“.

Das Bauhaus ist eine staatliche Schule. An ihrer Spitze steht der Berliner Architekt Walter Gropius, dem es im Laufe der Jahre gelingt, berühmte Künstler als Lehrer („Formmeister“) zu gewinnen. Darunter sind Paul Klee, Wassily Kandinsky und Ludwig Mies van der Rohe. Das pädagogische Prinzip ist neu, denn Gropius favorisiert die praktische Ausbildung. „Die Schule soll allmählich in der Werkstatt aufgehen“, sagt er und fordert eine Rückbesinnung auf das Handwerk. „Architekten, Bildhauer, Maler, wir alle müssen zum Handwerk zurück.“ Folglich arbeitet man in Lehrwerkstätten, studiert handwerkliche und gestalterische Grundlagen direkt am Objekt. Im Jahre 1925 zieht das Bauhaus nach Dessau um, wo vollkommen neue Schul- und Wohngebäude entstehen, die hinsichtlich Architektur, Farbgestaltung und Inneneinrichtung das moderne Denken der Formmeister widerspiegeln und so als Vorbilder des neuen Stils dienen. Das gilt aber auch für andere Produkte, die Bauhausschüler im Rahmen ihrer Ausbildung in den Dessauer Werkstätten entwerfen – vom Stahlrohrsessel bis zur Tischlampe, vom Aschenbecher bis zur Teekanne. Viele dieser Prototypen werden von Industrieunternehmen in Lizenz hergestellt und avancieren zu Design-Klassikern. Die Schule besteht allerdings nur 14 Jahre – 1933 muss sie auf Druck der Nationalsozialisten schließen. Walter Gropius wandert in die USA aus.

„WA 24“

Wilhelm Wagenfeld gestaltet 1923 diese Tischlampe mit der schlichten Bezeichnung „WA 24“ in den Werkstätten des Bauhauses.
Sie wird noch heute hergestellt.

Flügel am Heck

Giovanni Savonuzzi, Chefdesigner der italienischen Karosseriebaufirma Ghia, lässt sich 1955 bei der Gestaltung der Studie „Gilda“ vom amerikanischen Heckflossendesign inspirieren.

Jet-Design für die Straße

Heckflossen werden zum Symbol des „American Way Of Drive“

Obwohl es immer beliebter und immer zahlreicher wird, ist das Automobil zunächst kein Objekt, dem sich die Formgestalter widmen. In den Anfangstagen motorisierter Fortbewegung ist man so von der Technik des Verbrennungsmotors fasziniert, dass die Auto-Pioniere ihre ersten Motorwagen wie Kutschen bauen. So bleibt es lange Zeit. Deutliche Veränderungen zeichnen sich erst ab, als Wilhelm Maybach zu Beginn des 20. Jahrhunderts den ersten Mercedes konstruiert und sich damit endgültig vom Kutschenbau verabschiedet.

Die Einbeziehung des Autos in die Stil- und Geschmacksrichtungen der damaligen Zeit kennzeichnen die frühe Ära des Automobildesigns ebenso wie ein Experimentieren mit ganz extremen Formen: Es erscheinen Autokarosserien in Tulpenform, im Flugzeugdesign oder mit Bootsheck. Und da nach dem Ersten Weltkrieg viele Luftfahrtexperten arbeitslos geworden waren, versuchen sie ihr Wissen über Flugzeuge und Luftschiffe zu Lande nutzen. So konstruieren sie Zeppeline auf Rädern – langgestreckte, zigarrenförmige Vehikel, die dank ihrer Stromlinienform einen weitaus geringeren Luftwiderstand haben und deshalb schneller und sparsamer unterwegs sind als die eher kastenförmigen Alltagsmodelle. Das gilt auch für die strömungsgünstigen Tropfenwagen, die der Flugzeugkonstrukteur Edmund Rumpler ab 1919 auf die Räder stellt. Bei Benz in Mannheim experimentiert man ebenfalls auf diesem Gebiet und entwickelt einen Tropfen-Rennwagen mit vorbildlicher Aerodynamik. Nur: Die Form dieser Autos ist so ungewöhnlich – so avantgardistisch –, dass niemand wagt, sie für den Serienbau zu übernehmen. Was damals niemand ahnt: Viele Jahre später wird das Stromliniendesign tatsächlich zum Leitbild ganzer Generationen von Gebrauchsgütern.

Mitte der 1920er-Jahre ist die amerikanische Automobilindustrie erfolgreicher denn je – und hat trotzdem ein Problem. Die Modelle der damaligen Zeit ähneln sich bis aufs Kühlergrill wie ein Ei dem anderen. Das hat Folgen: Die Faszination der Kunden für neue Typen lässt spürbar nach, der US-Automarkt ist gesättigt, die Verkaufszahlen stagnieren. Jetzt erkennen die Männer in den Chefetagen der Detroiter Konzerne, dass man sich etwas einfallen muss, um die Autofahrer zu begeistern und den Absatz anzukurbeln. Zum Beispiel ein neues Karosserie-Styling. General Motors macht den Anfang und ernennt 1927 einen jungen, selbstbewussten Mann namens Harley J. Earl zum Leiter der neuen „Art and Colour-Section“. Es ist die erste Designabteilung der Automobilindustrie. Earl gibt von Anfang an Vollgas: Er stellt 50 Designer, Zeichner und Modelleure ein und organisiert eine ebenso konsequente wie systematische Designarbeit. Anfangs ist es zwar nur eine regelmäßige Modellkosmetik, doch 1937 wird Earls Bereich in „Styling Division“ umbenannt und 1938 präsentiert er mit dem Buick „Y-Job“ die weltweit erste Designstudie in der Geschichte des Automobils. Das Cabrio wird auf Messen präsentiert und soll das Publikum auf neue Styling- und Techniktrends vorbereiten. Das ist notwendig, denn Earls Ideen sind revolutionär, seine Entwürfe stilprägend. Panoramascheibe, Zweifarben-Lackierung, Hardtop und viele andere Details stammen aus seiner Feder.

In den 1950er-Jahren ist Earl – und mit ihm fast die gesamte amerikanische Nation – von den Fortschritten beim Flugzeugbau begeistert. Die schnellen Jäger der US-Luftwaffe und die ersten Düsen-Jets inspirieren den Designer zu einem Stilelement, das viele Jahre das Design der US-Straßenkreuzer bestimmt: Heckflossen. Anfangs nur dezent angedeutet, werden sie im Laufe der Zeit immer größer und wuchtiger und entwickeln sich zu einem Symbol des „American Way of Drive“. Auch in Europa denken Designer „jetlike“ und folgen dem Trend aus den USA, allerdings nur für kurze Zeit.

Mister „Streamline“

Raymond Loewy macht Unternehmen die Bedeutung guten Designs für den Markterfolg deutlich. Stilistisch bringt der Amerikaner Kühlschränke, Möbel, Lokomotiven und viele andere Produkte auf Stromlinie.

Häßlichkeit verkauft sich schlecht“. So lautet das Motto eines anderen Amerikaners mit großen Ambitionen. Raymond Loewy ist Anfang der 1930er-Jahre einer der ersten, der Industrieunternehmen auf den engen Zusammenhang zwischen Design und Produkterfolg aufmerksam macht. Das ist nicht einfach, zumal Loewy freiberuflich arbeitet und den Managern quasi von außen eine neue Produktphilosophie „verkaufen“ will. Es ist ein „Ein-Mann-Kreuzzug des guten Geschmacks“, der durch alle Industriebranchen führt und anfangs nur wenig abwirft. Mal bekommt er den Auftrag, einen Mülleimer neu zu gestalten, mal geht es um einen Telefonapparat, mal um einen Staubsauger. Dann klopfen eines Tages die Chefs des renommierten Warenhauses Sears, Roebuck & Co. an die Tür des kleinen New Yorker Designbüros. Es geht um den Kühlschrank „Coldspot“, einen Bestseller der Firma, dessen Image jedoch wegen Rostproblemen stark lädiert ist. Loewy verordnet dem stählernen Patienten eine Radikalkur. Er entwickelt nicht nur ein völlig neues Design, sondern greift auch auf neue rostbeständige Materialien zurück und verbessert obendrein die Bedienung. Der Erfolg: 275 000 verkaufte Kühlschränke binnen eines Jahres – fast drei Mal so viel wie bisher.

Endlich ist Loewy am Ziel. Über Nacht wird er zum gefragtesten Mann der US-Industrie und zum erfolgreichsten Formgestalter seiner Zeit. Er arbeitet für die Autofirmen Hupp und Studebaker, entwirft Lokomotiven und Traktoren, gestaltet die berühmten Greyhoundbusse und entwickelt Logos für Shell, Exxon und Lucky Strike. Seine Handschrift ist stets unverkennbar, denn Loewy hat einen ganz besonderen Stil, den er auf Kühlschränke und Toaster ebenso überträgt wie auf Autos und Büromöbel: Streamline-Styling. Die Stromlinienform, die laut Loewys Philosophie Tempo und Dynamik symbolisiert und Emotionen weckt, ist keineswegs nur ein kurzlebiger Trend, sondern entwickelt sich zum Ideal des amerikanischen Industriedesigns und bleibt fast zwei Jahrzehnte lang aktuell. Ende Oktober 1949 widmet das Time-Magazin Raymond Loewy eine Titelgeschichte. Bereits die Überschrift bringt seine Leistungen auf den Punkt: „He streamlines the sales curve“.

Zurück nach Europa. Zwar sind die Spuren des Zweiten Weltkriegs noch längst nicht beseitigt, doch Ende der 1940er-Jahre erscheint es logisch und konsequent, den Neuanfang in Wirtschaft und Gesellschaft neben hoher Qualität auch durch moderne Gestaltung und frische Farben zu dokumentieren. Das ist auch bitter nötig, denn mit den auf Vorkriegsmodellen basierenden Produkten, ist die deutsche Wirtschaft nicht mehr wettbewerbsfähig. Als die internationale Kritik am deutschen Styling immer lauter wird, beschließt der Deutsche Bundestag 1951, einen „Rat

„Phonosuper SK 4"

Dieter Rams entwirft für die Firma Braun Geräte, deren Design noch heute Vorbildcharakter hat. Die Musikanlage „SK 4" von 1955 schafft es bis ins New Yorker Museum Of Modern Art.

für Formentwicklung" zu schaffen, der die Unternehmen bei der Produktgestaltung unterstützen soll. Design wird zum Wirtschaftsfaktor. Auch die Alliierten helfen der jungen Bundesrepublik auf die Sprünge und unterstützen die Gründung einer Hochschule für Gestaltung, die im August 1953 in Ulm die ersten Studenten ausbildet. Damit bekommt Deutschland nach dem Bauhaus wieder eine international angesehene Designschule.

Die Werke der Ulmer Studenten sind schon bald im Alltag präsent: Sie entwickeln das Erscheinungsbild für die Deutsche Lufthansa, gestalten die Züge der Hamburger Hochbahn und konzipieren einfache, aber formschöne und multifunktionale Möbel wie den Ulmer Hocker. Besonders erfolgreich ist jedoch die Zusammenarbeit mit dem Frankfurter Elektrogerätehersteller Braun. Hier können die Ulmer Dozenten Otl Aicher und Hans Gugelot ihre Ideen verwirklichen und ein Design realisieren, dass auf Schnörkel und Verzierungen verzichtet und statt dessen durch unaufdringliche Eleganz begeistert – ganz im Sinne der Bauhaus-Philosophie, wo schon damals der Leitspruch „Weniger ist mehr" oder „Weniger ist besser" galt.

„SK 4" heißt das Gerät, das Braun 1955 als Gegenstück zu den korpulenten Musiktruhen der damaligen Zeit vorstellt und sich damit konsequent zu den Dessauer Maximen bekennt. Es ist ein Gemeinschaftswerk des Bauhausschülers Wilhelm Wagenfeld, des Ulmer Lehrmeisters Hans Gugelot und des jungen Designers Dieter Rams, der eigentlich als Innenarchitekt Braun tätig ist. Später wird Rams Chefdesigner und perfektioniert das mit dem „SK 4" begonnene Konzept. Ob Radio oder Rasierapparat, Filmkamera oder Fön – die Braun-Geräte werden zu Design-Ikonen mit Weltgeltung. Klare Formen, langlebige Ästhetik und einfache Bedienung sind ihre Markenzeichen. „Gutes Design ist möglichst wenig Design", bringt Rams seine Denkweise auf den Punkt.

Die Geräte aus Deutschland beeindrucken auch einen jungen Mann, der in den 1980er-Jahren an der Westküste Amerikas einen Computerkonzern aufbaut: Steve Jobs. Seit ihrer Jugend sind der charismatische Firmengründer und sein Designchef Jonathan Ive Fans des Braun-Designs und sehen darin ein Vorbild für die Gestaltung ihrer „Macs" und „iPods". In Anlehnung an die Kernthese von Dieter Rams schreibt Jobs auf die Titelseite der ersten Apple-Firmenbroschüre: „Einfachheit ist die höchste Form der Raffinesse". Kein Wunder also, dass Rams' Formensprache (und damit auch die Bauhaus-Philosophie) bis heute in den Apple-Geräten weiterlebt.

Gutes Design ist unsterblich.

„GUTES DESIGN HAT DIE KRAFT ZU VERZAUBERN“

Ein Gespräch mit Chefdesigner Gorden Wagener

» Wenn neue Automodelle vorgestellt werden, spricht man immer häufiger und immer ausführlicher über das Design, während andere Merkmale wie Motorleistung, Höchstgeschwindigkeit oder Fahrverhalten kaum noch diskutiert werden. Woran liegt das?

Wagener: Ganz einfach: Design weckt Aufmerksamkeit. Gutes Design weckt spontane Begeisterung: Freude, Sympathie ... Weil die technischen Unterschiede in vielen Fahrzeugklassen immer geringer werden, sucht man nach anderen Werten zur Differenzierung. Das Design bietet sie. Ganz wichtig sind dabei die Emotionen. Das Design gibt uns eine emotionale Heimat. Das gilt vor allem für Autos, die stets sinnlich wahrgenommen werden. Dazu gehört zum Beispiel die Begeisterung, die uns immer wieder ergreift, wenn wir unserem ‚Traumwagen' auf der Straße begegnen. Es ist Freude, die wir empfinden, wenn wir ein schön gestaltetes Produkt sehen und es berühren können. Das ist die Wirkung guten Designs – es hat die Kraft, uns zu verzaubern. Es macht Autos begehrenswert – und das nicht nur beim ersten Kennenlernen, sondern jeden Tag aufs Neue.

» Trotzdem bleibt das Auto ein Gebrauchsgegenstand ...

Wagener: Richtig, doch das ist kein Widerspruch. Ob Smartphone, Möbelstück oder Auto – ein emotional ansprechendes Design ist heute in vielen Branchen das wichtigste Kaufargument für neue Produkte. Nehmen Sie zum Beispiel unser viertüriges Coupé CLS, ein wirklich schönes, sinnliches Automobil. Unsere Kunden bestätigen das: Für rund zwei Drittel von ihnen ist das Design der wichtigste Kaufgrund. Und in anderen Fahrzeugklassen gelingt es uns seit Jahren immer wieder, durch das Design unserer Automobile – also vor allem durch emotionale Faszination – neue Kunden zu erobern, für die ein Mercedes-Benz bisher nicht in Frage kam.

Für Mercedes-Benz hat das Design der Modelle auch noch eine andere wichtige Aufgabe, denn unsere Produkte sind das wichtigste Markenzeichen. Durch das Design inszenieren wir typische Markenwerte und grenzen uns erfolgreich vom Wettbewerb ab.

» Welche dieser Markenwerte wollen Sie durch das Design symbolisieren?

Wagener: Der Name Mercedes-Benz ist seit jeher ein Synonym für Perfektion, Faszination und Verantwortung. Das sind unsere Kernwerte – und das wird auch so bleiben. Doch ebenso wie das Design muss auch das Markenbild lebendig bleiben. Deshalb haben wir eine neue Strategie entwickelt, in deren Mittelpunkt Ästhetik steht, die durch unsere drei Kernwerte Tradition, Emotion und Progressivität ausgedrückt wird. Diese Werte bilden quasi unser ‚Dreigestirn' – unseren Leitstern. Dazu kommen andere Attribute wie zum Beispiel Sportlichkeit, Luxus und Sinnlichkeit, die wir mehr denn je zum Ausdruck bringen. Und ein Hauch von Glamour, der die Faszination des Schönen noch weiter steigert.

» Sie sprechen von den neuen Werten, neuen Idealen ihrer Marke. Vollzieht sich damit auch ein Kurswechsel bei der Gestaltung der Modelle?

Wagener: Vor rund acht Jahren haben wir mit der damals neuen S-Klasse einen Stil verwirklicht, der souveräne Ruhe und Kraft symbolisiert. Um dies zu erreichen, haben wir uns auf das Wesentliche konzentriert – auf das Zusammenspiel von Flächen und Linien – und jeden übertriebenen Zierrat weggelassen. Wir sprachen vom ‚modernen Purismus'. Diesen Stil entwickeln wir jetzt kon-

Gorden Wagener ist seit 1997 für Mercedes-Benz tätig. Mitte 2008 übernahm er die Leitung Design Daimler AG. Zu seinem Team gehören rund 500 Mitarbeiterinnen und Mitarbeiter, die in Designstudios in Japan, China, USA, Italien und Deutschland tätig sind.

sequent weiter und wieder weist die S-Klasse den Weg in die Zukunft. Mit ihrer markanten Linienführung wird sie dem Mercedes-Design buchstäblich ein neues, noch emotionaleres Gesicht geben.

Das wesentliche Merkmal des neuen Stils sind positiv überspannte Flächen, die durch straff gezogene Charakterlinien Struktur und Spannung erhalten. Die Ausprägung dieser Linien hat sich geändert. War das Design unserer Modelle früher durch eine nach vorn ragende Keilform geprägt, so ist der Linienfluss jetzt dynamisch auf das Heck ausgerichtet. Es entsteht ein interessanter „Drop Shape" – eine tropfenförmige Silhouette, die den Blick von der Frontpartie zum Heck lenkt, wo jetzt sozusagen das optische Kraftzentrum unserer Autos liegt. Die Karosserieproportionen – lange Motorhaube, großer Radstand und kurzes Heck – unterstreichen diese Neuausrichtung und verhelfen unseren neuen Modellen zu einem betont kraftvollen Auftritt.

Aber: Das Mercedes-Design bleibt lebendig und sehr individuell. Es gibt keinen Einheitslook. Jedes Modell hat seinen eigenen Charakter und deshalb wird es die Merkmale unserer neuen Formensprache stets in unterschiedlicher, individueller Ausprägung geben – die A-Klasse präsentiert sich zum Beispiel durch eine sehr eigenständige Linienführung und ausdrucksvolle Details sichtbar jünger und progressiver als unser souveränes Topmodell. Der CLS setzt seine Akzente durch sinnlichere Formen als die M-Klasse. So zeigen wir, dass jedes Modell eine eigenständige Persönlichkeit ist.

Bei der Inszenierung dieser unterschiedlichen Auto-Charaktere verlassen wir manchmal den von Mercedes-Benz gewohnten Weg und überraschen durch neue, kreative Ideen, denn gutes Design braucht auch Mut für Veränderungen.

» Welche Bedeutung hat in diesem Zusammenhang noch das Thema Tradition?

Wagener: Die Tradition ist unsere Wurzel, unser Bezugspunkt. Aus der großen Tradition unserer Marke beziehen wir einen Großteil der Ideen, die uns zu neuen Gestaltungskonzepten oder Details inspirieren. So hat im Grunde genommen alles, was wir gestalten, einen Ursprung in der Geschichte. Wir pflegen unsere markentypischen Stil-Ikonen, die zum stilistischen Gencode eines jeden Mercedes-Benz gehören und ihn unverwechselbar machen. So bewahren wir die Marken-Identität. Doch wir bleiben dabei nicht stehen, sondern entwickeln diese Stilmerkmale kontinuierlich weiter und interpretieren sie auf sehr moderne Weise. Es gilt die Tradition zu wahren und dem Fortschritt zu dienen, wobei die Mehrzahl unserer Blicke stets nach vorne gerichtet sind.

Kunst und Auto

Andy Warhol zitierte in den 1980er-Jahren Stil-Ikonen von Mercedes-Benz und erhob damit das Design der Automobile zum Thema für die moderne Kunst.

ZURÜCK IN DIE ZUKUNFT

Die Designphilosophie der Marke Mercedes-Benz

BALANCE

Design als Brücke zwischen Tradition, Emotion und Progressivität

Klassik und Moderne

Automobildesign als sinnliches Erlebnis – ein Anspruch, den die Formensprache der Mercedes-Modelle seit Jahrzehnten erfüllt.

Der Blick in die Vergangenheit zeigt den Weg in die Zukunft – das klingt paradox, doch so oder ähnlich lässt sich das Grundprinzip des Mercedes-Designs beschreiben. Auf der großen Geschichte der Stuttgarter Automobilmarke gründen die Kraft und die Kreativität, mit der die Designer neue Ideen realisieren. So kommen Tradition und Innovation, Kontinuität und Fortschritt zusammen. Oder anders gesagt: Zukunft braucht Herkunft.

Diesem Kredo folgend erfüllt das Design vor allem zwei wichtige Aufgaben. Einerseits soll es Begeisterung für die Automobile wecken und sie begehrenswert machen, andererseits geht es darum, die Philosophie und das Profil der Marke widerzuspiegeln. „Design ist ein Markenzeichen", heißt es in Stuttgart. Genauer: Die Formensprache der Modelle soll die bewährten Grundwerte der Marke inszenieren – und zugleich auch ihre neuen Ideale symbolisieren.

„Wenn Autos vom elektronischen Fortschritt bestimmt werden und sich immer schneller ändern, dann werden die Emotionen umso wichtiger", sagt Gorden Wagener, seit 2008 Chefdesigner von Mercedes-Benz. „Im gleichen Maße wie Zukunftstechnik immer weiter vom Menschen wegrückt, muss ein Mercedes-Benz seinen Fahrerinnen und Fahrern eine sinnliche, emotionale Heimat geben. Hier übernimmt das Design die Hauptaufgabe. Unsere Autos sollen auch durch einen Hauch von Glamour faszinieren – sie sollen verzaubern."

In diesem Sinne hat der Slogan „Liebe auf den ersten Blick" für das Automobilgeschäft einen hohen Realitätsbezug. Doch es geht um mehr als spontane Sympathie für ein neues Modell – vom Design hängt es ab, dass die Begeisterung auch über lange Zeit stark und lebendig bleibt. So spannt sich der psychologische Bogen schließlich von der ersten unvergesslichen Begegnung über das tägliche Erlebnis bis zur langjährigen Markenloyalität der Autobesitzer.

Deshalb bezeichnet Mercedes-Benz das Thema Markenprägung als eine zentrale Aufgabe der Designentwicklung, an der man seit jeher mit großer Konsequenz arbeite. Was ist ein typischer Mercedes-Benz? Was ist der Kern der Marke? Diese Fragen sind heute einfach zu beantworten, da jeder weiß, wie ein Mercedes-Benz aussieht und durch welche Eigenschaften sich die Automobile unterscheiden. Doch das ist keineswegs selbstverständlich. Um über Jahrzehnte hinweg ein so scharfes Bild der Marke zu zeichnen und es in der Öffentlichkeit stets aufs Neue zu konditionieren, bedarf es langfristig angelegter Strategien und konzeptioneller Kontinuität – und einer großen Tradition, die als Bezugspunkt und geistiges Rückgrat jeder stilistischen und markenpolitischen Metamorphose notwendig ist. Mercedes-Benz hat diese Voraussetzungen und konnte sie in den zurückliegenden Jahren erfolgreich für einen grundlegenden Imagewandel nutzen. Aus dem eher konservativ geprägten Premiumhersteller mit nur fünf Modellreihen hat sich ein sogenannter Full-Line-Anbieter entwickelt, der heute in vielen wichtigen Marktsegmenten präsent ist und so dem Wunsch seiner Kunden nach mehr automobiler Individualität entspricht.

Das Design der Automobile war einer der wichtigsten Erfolgsfaktoren dieser im Jahre 1993 gestarteten Produktoffensive. Die Formensprache mit dem wegweisenden Vier-Augen-Design und einer bis dato ungewohnten, betont emotionalen Leichtigkeit gab den neuen Modellen ein individuelles Gesicht, das nicht nur die unterschiedlichen Auto-Charaktere zum Ausdruck brachte, sondern zugleich das neue, progressive Auftreten der Marke widerspiegelte. Man sah Mercedes-Benz tatsächlich „mit neuen Augen" wie es der Werbeslogan Mitte der 1990er-Jahre sibyllinisch ankündigte. Das Publikum verstand die Botschaft – nicht zuletzt weil das Design der Automobile die richtigen Impulse setzte und Emotionen weckte, die viele neue Kunden in den Bann der Marke zogen. Heute, zwei Jahrzehnte nach Beginn der Produktoffensive, liegen die Verkaufszahlen der Mercedes-Personenwagen um mehr als das Doppelte über denen des Jahres 1993.

Diese Erfolgsgeschichte zeigt, wie wichtig es für ein Unternehmen ist lebendig zu bleiben. So reifte denn auch zu Beginn des 21. Jahrhunderts die Erkenntnis, einen neuen Designstil zu entwickeln und mit ihm das Bild der Marke aufzufrischen. Neben Individualität, Leidenschaft, Dynamik und Fahrspaß hatten Aspekte wie Fahrkultur und Souveränität an Bedeutung gewonnen, die das Designteam durch eine klare, unverfälschte Formensprache zum Ausdruck brachte. Im Vordergrund stand die Reinheit der Formen: Die Designer orientierten sich an den Regeln des Purismus und interpretierten sie auf moderne Weise. Es war eine bewusste Konzentration aufs Wesentliche, also auf Flächen und Linien, sowie der Verzicht auf jeden übertriebenen Zierrat. Diesen Stil entwickelt Mercedes-Benz kontinuierlich weiter und akzentuiert ihn je nach Modell auf individuelle Weise. Neue Modelle wie A-Klasse und CLA erscheinen durch ihre Linienführung deutlich jünger und progressiver – aber auch sichtbar emotionaler. So hat die Marken- und Produktoffensive eine neuen Kurs genommen. In wenigen Jahren werde man Mercedes-Benz wieder mit anderen Augen sehen, heißt es in Stuttgart.

Tradition, Gegenwart, Zukunft: Aus diesen Bausteinen einen harmonischen Dreiklang zu komponieren, ist und bleibt das Ziel der Designerinnen und Designer von Mercedes-Benz. Keine leichte Aufgabe, denn es gilt erlebbare Veränderungen an bewährten Produkten vorzunehmen, ohne ihre Grundmerkmale anzutasten. Neue Modelle sollen zwar formal eine Brücke in die Zukunft bauen und durch ihren Stil deutlich machen, dass sie zur Avantgarde unter den Premiumautomobilen gehören, doch für eine Traditionsmarke wie Mercedes-Benz ist es ebenso entscheidend, den Ausgangspunkt nicht aus den Augen zu verlieren. Das gilt sowohl markenpolitisch als auch stilistisch.

Kontinuität hat sich deshalb zu einem Leitbegriff der Automobilgestaltung entwickelt. Durch eine kontinuierliche formale Evolution gelingt es den Designern, dass die Vorgängertypen nicht verblassen, wenn innerhalb einer Modellreihe der Nachfolger erscheint, und dass die Autos über lange Zeit eine gute Figur machen. Eine solche Strategie ist notwendig, denn viele Modelle mit dem Stern sind mehr als ein Vierteljahrhundert auf den Straßen unterwegs. So beginnt der Produktlebenszyklus laut Mercedes-Benz mit einem vier bis fünf Jahre dauernden Entwicklungsprozess, dem eine sieben- bis achtjährige Produktionszeit und ein rund 20-jähriger Straßeneinsatz folgt. Verständlich, dass angesichts dieser großen Zeitspanne modische Trends und kurzlebige Formenspiele bei der Karosseriegestaltung keine Chance haben. Statt dessen definiert Mercedes-Benz die Designentwicklung als eine beständige, aber durchaus erlebbare Weiterentwicklung von Modellgeneration zu Modellgeneration. Diese Kontinuität schaffe die Voraussetzungen für ein Design mit Langzeitwirkung – und mit Langzeitwert. Schließlich gründen auch die hohen Marktpreise, die Mercedes-Personenwagen nach vielen Jahren noch erzielen, nicht zuletzt auf der Tatsache, dass ein alter Mercedes-Benz formal nicht alt aussieht und dass manche Modelle zu wertvollen Klassikern werden.

Kurzlebige Trends von langfristigen Entwicklungen zu unterscheiden ist eine der größten Herausforderung für Premiummarken wie Mercedes-Benz. Entscheidend ist, nicht modisch sondern modern zu sein. Das erfordert von Designern und Produktplanern ein sehr sensibles Gespür für Veränderungen in den Lebensgewohnheiten der Kunden, für neue Einstellungen der Menschen zum Alltag und für formale oder farbliche Tendenzen in anderen Lebenswelten. Ebenso wichtig ist aber auch der Blick in andere Kulturen. Deshalb arbeiten Mercedes-Designer nicht nur in Deutschland, sondern auch in Italien, Japan, China und den USA. Hier bestehen sogenannte Advanced-Design-Studios, die Signale oder Strömungen vor Ort aufnehmen, analysieren und kreativ umsetzen sollen. Dabei gehe es insbesondere um das intuitive Erfassen dessen, was sozusagen in der Luft liege und welche bedeutsamen, nachhaltigen Tendenzen sich in Kunst, Kultur und Gesellschaft anbahnen, heißt es in der Stuttgarter Firmenzentrale.

Design mit Langzeitwirkung:
Statt auf kurzlebige, modische Effekte setzt Mercedes-Benz auf Kontinuität. Deshalb bleiben ältere Modelle auch beim Generationswechsel attraktiv

PRODUKTLEBENSZYKLUS

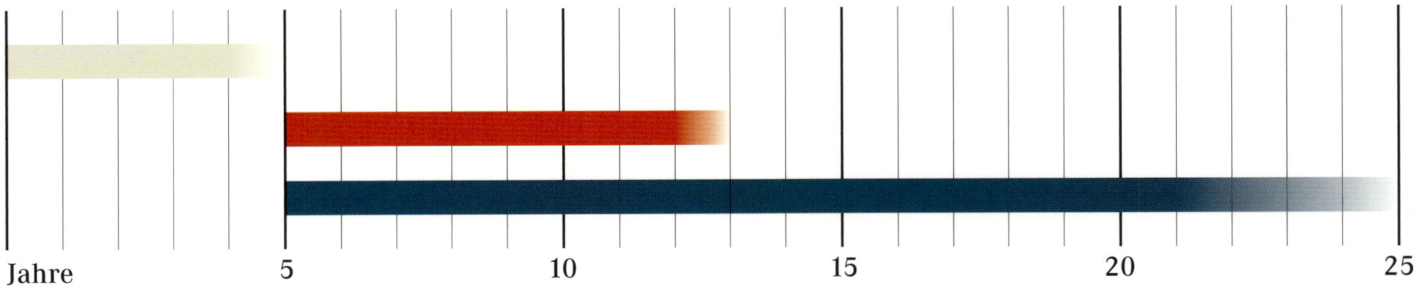

Entwicklungszeit:
4 bis 5 Jahre

Produktionszeit:
7 bis 8 Jahre

Straßeneinsatz:
mehr als 20 Jahre

Langes Leben

Die Grafik zeigt den langen Lebenszyklus eines Mercedes-Benz. Die Herausforderung besteht darin, ein ebenso langlebiges Design zu entwerfen.

— „Mercedes-Benz spannt den Bogen von der Moderne zur Avantgarde, von der Tradition zur Progressivität. Jede Modellreihe spielt dabei eine von uns zugewiesene Rolle und hat einen ganz bestimmten Charakter. Sie ist aber immer Teil eines höchst professionellen Ensembles mit einer ganz bestimmten Handschrift."

Gorden Wagener,
Mercedes-Chefdesigner

Von strategischer Bedeutung bleibt nach Ansicht der Designer stets die Frage, welche Strömungen für eine Marke wie Mercedes-Benz maßgebend sind und von welchen sie sich überhaupt anregen lassen möchte? Umso mehr komme es darauf an, kurzlebige Trends von langfristigen Entwicklungen zu unterscheiden. Beim Blick in die Zukunft geht es also weniger um Trendscouting als vielmehr um fundierte Prognosen und konkrete Antworten auf Fragen, wie morgen gelebt wird, wie konsumiert wird und – vor allem – wie Autofahrerinnen und Autofahrer in zehn oder zwölf Jahren begeistert werden können. Diese Wünsche und Erwartungen muss das Designteam antizipieren, denn die Autos des Jahres 2020 werden heute projektiert.

Die Herausforderung der stilistischen Zukunftsforschung besteht also darin, gedanklich weit vorauszueilen und die durch Trends und Moden geprägte Gegenwart hinter sich zulassen.

„Ein Mercedes-Benz muss immer als Mercedes-Benz erkennbar sein – und das nicht nur aufgrund des bekannten Dreizacks auf der Motorhaube", beschreibt Gorden Wagener eine weitere Kernaufgabe seines Teams. Sie zu lösen wäre einfach, indem man jedem Modell über Jahre hinweg stets das gleiche einförmige Gesicht mit stets den gleichen Stilelementen und Erkennungsmerkmalen gibt. Doch so einfach machen es sich die Mercedes-Designer nicht. Ihr Ziel ist es, die Werte und Merkmale, die zur Modell- und Markenidentität beitragen, einerseits sorgsam zu erhalten und andererseits mit Bedacht weiterzuentwickeln. So bleibe das Erscheinungsbild der Automobile modern, lebendig und charakteristisch, betonen sie.

Um den Modellen eine klare Identität zu geben, steht den Gestaltern ein reicher, über viele Jahre gewachsener Formenschatz zur Verfügung: Ein großes Repertoire charakteristischer Designelemente, das man als stilistischen „Gen-Pool" bezeichnen kann. Er dient den Designern als wichtiger Bezugs- und Orientierungspunkt, aber auch als Quelle der Inspiration für frische Ideen, mit denen sie die Stilmerkmale immer wieder neu interpretieren. So hat sich die Mercedes-Modellfamilie im Laufe der Zeit formal kontinuierlich weiterentwickelt, doch ihr Erscheinungsbild blieb auf Grundlage der familientypischen Merkmale stets authentisch.

Mit anderen Worten: An dem stilistischen „Gen-Pool" und der sorgsamen Pflege der traditionsreichen Kennzeichen liegt es, dass ein Mercedes-Benz stets als Mercedes-Benz erkennbar ist.

Anders und doch gleich:
Die gemeinsamen Grundmuster der Mercedes-Formensprache verbinden sich mit individuellen Stilelementen, die jedes Modell zu einer unverwechselbaren Persönlichkeit machen.

Bei aller Gemeinsamkeit der Formensprache achtete man in den vergangenen Jahren genau darauf, dass der Anspruch auf formale Kontinuität nicht zu einem formalen Einerlei führte. Die Designer erklären, so habe man den Weg in eine stilistische Sackgasse vermieden, wo es keinen Raum für Individualität gibt und die verschiedenen Modelle zwar die gleichen Erkennungsmerkmale tragen, doch ihren wahren Charakter nicht zeigen können.

Statt dessen betont Mercedes-Benz seine „lebendige Designphilosophie“: Jeder Typ, ob Luxuslimousine, Coupé, Roadster, Offroader oder Kompaktwagen, identifiziert sich durch seine stilistischen „Gene“ als Mitglied der Mercedes-Familie, aber zugleich auch als eigenständige – und vor allem unverwechselbare – Persönlichkeit. Das gelingt den Designern, indem sie die gemeinsamen Grundmuster der Formensprache mit neuen, manchmal überraschenden Stilelementen kombinieren, die den jeweiligen Charakter eines Fahrzeugtyps optisch hervorheben und erlebbar machen.

Um 1910

Wegweisende Erfindung: Aus der technisch genialen Bienenwabenstruktur der ersten Mercedes-Kühler entwickelt sich ein über Jahre verfeinertes Stilelement – und ein unverwechselbares Kennzeichen für Marke und Modelle.

Der stilistische „Gen-Pool“:
Charakteristische Designelemente prägen seit jeher das Erscheinungsbild der Mercedes-Automobile. Sie bilden einen Formenschatz, aus dem die Marke immer wieder schöpft, um sich auf Basis ihrer großen Tradition zu erneuern

KÜHLERMASKE

TYPISCH MERCEDES-BENZ

Der Kühler der Mercedes-Personenwagen ist ein Musterbeispiel für die enge Korrelation von Design und Technik: Aus Wilhelm Maybachs genialem Prinzip des „Bienenwabenkühlers“, bei dem der Fahrtwind durch über 8000 parallel angeordnete, quadratische Metallröhrchen in den Motorraum strömt, entstand im Laufe der Jahre das mit Abstand wichtigste Erkennungsmerkmal der Mercedes-Automobile. Zwar rückte der eigentliche Kühler im Rahmen der automobiltechnischen Evolution immer weiter nach hinten in Richtung Motorraum und entzog sich somit den Blicken, doch auch beim vorgeschalteten Kühlergrill behielt Mercedes-Benz das Bienenwabenmuster bei und erhob es zum Stilelement.

In Stuttgart spricht man übrigens nicht vom „Kühlergrill“, dessen Bezeichnung auf den englischen Begriff „grille“ für „Abdeckung“ zurückgeht. Statt dessen lautet der Mercedes-Begriff „Kühlermaske“. Sie „maskiert“ – sprich: verkleidet – die Frontpartie und prägt den Gesichtsausdruck der Autos. Folglich betätigen sich die Designer als „Maskenbildner“ und übernehmen die reizvolle Aufgabe, die symbolhafte Bedeutung des wichtigsten Mercedes-Kennzeichens immer wieder aufs Neue zu schärfen. So hat sich die Kühlermaske in ihrer weit über 110-jährigen Geschichte sowohl in den Grundproportionen als auch in der Detailausgestaltung kontinuierlich weiterentwickelt. Mit Akribie und Sorgfalt gelingt es den Designern bis heute, das Identifizierungsmerkmal neu zu interpretieren und es den technischen Anforderungen und dem jeweiligen Zeitgeist anzupassen, ohne seinen Charakter anzutasten. So kreieren sie stets ein modernes, aber dennoch unverwechselbares Erscheinungsbild: Um einen Mercedes-Benz zu erkennen, genügt auch heute allein der Blick auf die Kühlermaske.

Nach dem dreizackigen Stern, der die Kühler der Mercedes-Modelle etwa seit 1910 ziert, folgte wenige Jahre später die erste wichtige Neugestaltung: der Spitzkühler. Wie der Bug eines Schiffs ragt er spitzwinklig nach vorn und symbolisiert auf diese Weise Kraft und Vorwärtsdrang – ein Merkmal, das Mercedes-Benz bis heute pflegt. In den 1930er-Jahren machte Chrom die Kühlermaske zu eleganten Glanzstücken und ab den 1950er-Jahren erhielt das feine Bienenwabenmuster durch verchromte Quer- und Längsprofile eine zusätzliche Aufwertung. Als die Kühler der Mercedes-Limousinen schließlich in den 1970ern vom dominanten Hoch- ins moderne Querformat übergingen, erlangten diese Chromlamellen zusätzliche Bedeutung, denn sie unterstrichen die optische Breitenwirkung der Frontpartie und betonten so den dynamisch-souveränen Auftritt der Automobile. Bei den Mercedes-Kühlermasken der Gegenwart erscheint der Chromrahmen dreidimensional geformt. Dadurch fügt er sich harmonisch in den Karosseriekörper einfügt und verbindet sich formal mit Scheinwerfern, Stoßfänger und Motorhaube. So erscheint die Frontpartie wie eine von Künstlerhand geschaffene Skulptur.

SL-KÜHLER

IKONE DES SPORTS

Die Geschichte des SL-Kühlers begann Anfang der 1950er-Jahre. Aus dem formal eher schlichten Frontgitter des Rennsportwagens W 194 entwickelte Designer Friedrich Geiger ein formschönes Ensemble mit zwei horizontal lang gestreckten Chromspangen, die in ihrer Mitte einen großen Mercedes-Stern trugen. Diese Kühlermaske kam 1954 beim legendären 300 SL „Flügeltürer" erstmals zum Einsatz und wurde – ebenso wie der Limousinenkühler – in den folgenden Jahren kontinuierlich weiterentwickelt. So kündigte jeder der sechs SL-Sportwagen, die Mercedes-Benz seither vorgestellt hat, eine neue Design-Ära an, ohne die Brücke zur Vergangenheit zu verlassen.

Auch der aktuelle SL-Sportwagen zitiert die „Gesichtszüge" der ersten SL-Modelle. Behutsam, aber dennoch sichtbar haben die Mercedes-Designer die typischen Stilelemente der Frontpartie weiterentwickelt und an

die moderne Formensprache adaptiert. So bilden Kühlermaske und Stoßfänger jetzt eine formale Einheit – die horizontale Trennung zwischen diesen beiden Komponenten wurde aufgehoben, sodass die Kühlermaske mehr Raum als bei früheren SL-Modellen erhält und deshalb deutlich höher gestaltet werden konnte. Zudem ist der Kühler breiter als bisher und bestimmt damit den selbstbewussten Auftritt des neuen SL. Der Mercedes-Stern erscheint ebenfalls in moderner Neuinterpretation: Seine Umrahmung geht nun – wie bei einem Flugzeugpropeller – mit organisch fließenden Konturen in die Flügelprofile über.

Seit wenigen Jahren erlangt der Kühler mit dem großen Zentralstern für Mercedes-Benz eine immer größere Bedeutung. Die Marke nutzt dieses Stilelement auch außerhalb der SL-Klasse, um sportlich geprägte Modelle oder Modellvarianten zu profilieren.

1954

Beim ersten SL wird der Mercedes-Stern von Flügelprofilen flankiert, die Tempo und Windschnittigkeit symbolisieren.

1971

Der breite Kühler unterstreicht den dominanten, kraftvollen Charakter des Roadsters der Modellreihe R 107.

— „Die traditionellen Formelemente sind mehr als optische Zitate; sie berichten von dem Mut und dem Erfindergeist, der unsere Marke geprägt hat, und spiegeln diese Eigenschaften zeitgemäß mit Enthusiasmus und Leidenschaft wider“

Gorden Wagener,
Mercedes-Chefdesigner

Langfristige Strategie:
Ziel der Designer ist es, die Werte und Merkmale,
die zur Marken-Identität beitragen mit
Bedacht weiterzuentwickeln.

SEITLICHE LUFTÖFFNUNGEN

EINE REMINISZENZ AN LEGENDÄRE SPORTWAGEN

Beim 300 SL der 1950er-Jahre gab es für die Luftöffnungen in den vorderen Kotflügeln vor allem technische Gründe: Sie waren notwendig, um die heiße Luft aus dem Motorraum ausströmen zu lassen. Der damalige Mercedes-„Stilist" Friedrich Geiger vereinte auch bei diesem Detail Technik mit Ästhetik und gestaltete ein Designelement, das zur Stil-Ikone wurde.

Heute zitieren sowohl die SL- und SLK-Modelle als auch der Supersportwagen SLS AMG dieses Detail und machen auf diese Weise die große Sportwagen-Tradition der Stuttgarter Automobilmarke lebendig. Zwar passen sich Form und Größe dem jeweiligen Modell und der aktuellen Formensprache an, doch auch in moderner Ausprägung bleiben die Luftöffnungen dank behutsamer Weiterentwicklung stets stilecht. Typisch und damit unverwechselbar sind beispielsweise die beiden flügelähnlichen Chromspangen, die schon beim Ur-SL Akzente sportlicher Dynamik setzten.

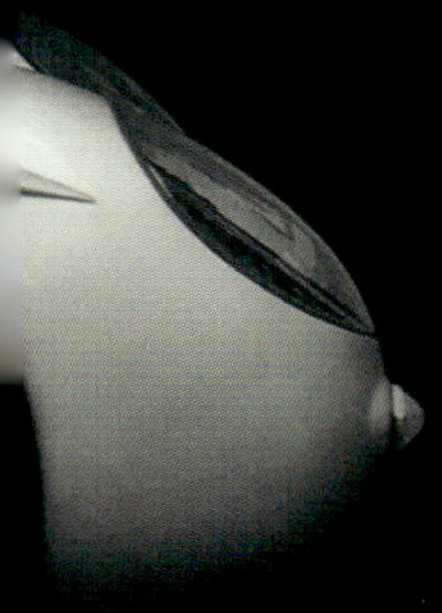

PROPORTIONEN

SPORTLICH-KRAFTVOLLER AUFTRITT

Lange Motorhaube, großer Radstand, tiefer Schwerpunkt und ein weit hinten positioniertes Passagierabteil – diese Merkmale bestimmten die Karosserieproportionen der unvergesslichen Mercedes-Sportwagen aus den 1950er-Jahren. Es waren Proportionen, die eine harmonische Verbindung von Kraft und Eleganz herstellten.

Das aktuelle Mercedes-Design zitiert diese Formensprache und macht sie nicht nur zu einem Merkmal der Roadster und Coupés. Auch die A-Klasse drückt ihren dynamisch-progressiven Charakter durch Karosserieproportionen aus, die in ihren Grundzügen eher dem Erscheinungsbild eines Sportwagens entsprechen: Hinter der langen Motorhaube folgt das „Greenhouse“ mit seiner straff gespannten, coupéähnlichen Dachlinie, die in die C-Säule übergeht und auf einer kraftvoll modellierten Schulter über der Hinterachse Halt findet.

MOTORHAUBE

MARKANTES „V"

Kühlermaske und Motorhaube bilden bei Mercedes-Benz seit jeher eine stilistische Einheit. Das Prinzip: Die Haube nimmt die Konturen der Oberkante des Kühlers auf und entwickelt daraus ein markantes V-förmiges Profil, das sich nach hinten fortsetzt und den Blick zum Passagierabteil lenkt. So war es schon in den späten 1920er-Jahren, als Kühler, Motorhaube und Kotflügel noch separate Bauteile waren. Daraus entwickelte Mercedes-Benz bei Einführung der modernen „Ponton"-Karosserie in den 1950er-Jahren ein Stilelement das bis heute zu den charakteristischen Merkmalen vieler Mercedes-Modelle gehört. Dabei dienen die markanten Konturen der Motorhaube gleichermaßen Form und Funktion: Früher schufen sie mehr Platz für die Unterbringung großvolumiger Motoren, heute gehören sie zum Sicherheitskonzept der Automobile und vermindern beim Zusammenstoß mit einem Fußgänger dessen Verletzungsrisiko.

PFEILUNG

DRANG NACH VORNE

Seit den Urzeiten des Automobils tragen Mercedes-Personenwagen den in der Mitte leicht nach vorn gepfeilten Kühler. Früher sprach man deshalb auch vom „Spitzkühler“. Aus diesem traditionsreichen Merkmal entwickelten die Mercedes-Designer ein Stilelement, das inzwischen alle Modelle kennzeichnet und somit ein fester Bestandteil des Formenschatzes der Marke ist: Kühlermaske, Stoßfänger und Motorhaube zeigen eine dezente, aber durchaus wirkungsvolle Pfeilkontur.

Die Botschaft dieses Frontdesigns lautet, die Nase vorn zu haben. Mit dieser Metapher verbinden sich Attribute wie Agilität, Vorwärtsdrang und Leistungsbereitschaft, die den Automobilen immer wieder attestiert werden.

Zu dem pfeilförmigen Frontdesign gehört eine straff gezogene Linie, die unterhalb der Kühlermaske ihren Ursprung hat und mittig über die Motorhaube nach hinten geführt wird. Sie verstärkt die Pfeilung optisch und gibt der großen Haubenfläche eine zusätzliche Kontur. Mehr noch: Da sich das Licht entlang der Mittellinie bricht, entsteht ein interessanter Hell-Dunkel-Effekt.

SCHULTERLINIE

STABILE VERHÄLTNISSE

Woran erkennt man einen Mercedes-Benz, wenn Markenzeichen, Schriftzug und Typbezeichnung fehlen? Ebenso typisch wie Kühlermaske, Motorhaubenkontur oder Pfeilung, ist zum Beispiel auch die Liniengrafik der seitlichen Karosserieflächen. Sie zählt zu den wichtigsten Merkmalen der modernen Mercedes-Formensprache und trägt mehr denn je dazu bei, die Identität der Automobile – und den Charakter einzelner Modellreihen – zu bestimmen.

Die Schulterlinie ist ein gemeinsames Merkmal aller Mercedes-Modelle. Sie entwickelt sich organisch aus der Form des vorderen Kotlfügels, verläuft knapp unterhalb der Bordkante und taucht schließlich im Heck sanft wieder in die Karosserie ein oder trifft auf die Rückleuchte, die den Linienfluss fortsetzt. So streckt die Schulterlinie die Karosserie optisch und trennt zwei wichtige Bereiche ab, die in der Designersprache „Body" und „Greenhouse" heißen.

Ihrem Namen macht die Schulterlinie alle Ehre: Sie betont vor allem die „Schultern" der Karosserie, die Seitenscheiben, Dachsäulen und Dach tragen. Die assoziative Wirkung dieser Linienführung ist durchaus beabsichtigt: Man denkt an die starken, gut gebauten Schultern eines durchtrainierten Körpers und gewinnt den Eindruck von Solidität und Stabilität – Eigenschaften, die zu den herausragenden Qualitätsmerkmalen der Mercedes-Automobile gerechnet werden.

SCHULTERLINIE
MARKANTER LINIENFLUSS
ENTLANG DER BORDKANTE
WICHTIGER OPTISCHER
BEZUGSPUNKT, STRECKT DIE
KAROSSERIE UND SYMBOLISIERT
SOLIDITÄT

Klare Sprache:
Der Dialog zwischen Flächen und
Linien ist ein Markenzeichen des
modernen Stils von Mercedes-Benz

Lebendige Tradition: In moderner Interpretation orientiert sich die Dropping Line an der Formensprache der Kompressor-Sportwagen aus den 1930er-Jahren

DROPPING LINE

KRAFTVOLLER LINIENFLUSS

Oppulente Formen, kühn geschwungene Kotflügel, elegante Details – so zog der Mercedes-Benz 540 K Spezialroadster die Blicke an und weckte spontane Begeisterung. Kein Zweifel: Der Sportwagen mit der „Sindelfinger Karosserie" zählt zu den schönsten Automobilen der 1930er-Jahre.

Doch es sind nicht nur jene markanten, unübersehbaren Merkmale, die das Design des Zweisitzers bestimmen. Weitere Qualitäten stecken im Detail: Stilelemente, die zwar erst auf den zweiten Blick wahrgenommen werden, aber auch unbewusst Wirkung entfalten und auf feine, dezente Weise zu dem faszinierenden Gesamtbild beitragen. Dazu gehört die seitliche Chromleiste, die vom Kühler bis zum hinteren Kotflügel reicht. Sie streckt den Karosseriekörper und unterstreicht damit die elegante Erscheinung des Spezialroadsters. Mit ihrem leichten bogenförmigen Verlauf visualisiert sie den Kraftfluss unter der Karosserie und lenkt den Blick vom Motor an die Hinterachse, wo das Kompressortriebwerk seine gewaltige Kraft auf die Straße bringt.

Dieser interessante Linienfluss des 540 K inspiriert die Mercedes-Designer zu einem neuen Stilelement, das die moderne Formensprache der Automobile seit kurzem bereichert und den Weg in die Zukunft weist: die Dropping Line. Am Beispiel der S-Klasse wird es deutlich: Vom Scheinwerfer führt die scharf konturierte Linie über den vorderen Kotflügel, gliedert die oberen Bereiche der Türbleche und taucht dann mit einem leicht nach unten abfallenden Schwung in den Karosseriekörper ein. So entsteht ein interessanter optischer Kraftfluss. Zugleich folgt dieser Linien- und Formenverlauf dem Fahrtwind, der über die Karosserie streicht.

Mit der Dropping Line akzentuieren die Designer die großen, weich modellierten Seitenflächen. Denn hier dient sie gleichermaßen als Grenz- und Lichtkante: Von der Linie abwärts wölbt sich das Blech konkav (nach innen) und bewirkt dadurch eine andere Lichtreflexion als oberhalb. So spielt das Design wirkungsvoll mit Licht und Schatten, sorgt aus jeder Perspektive für abwechslungsreiche Kontraste.

Der „Drop Shape" (Tropfenform) – gemeint ist der kraftvolle, zur Hinterachse gerichtete Linien- und Formenverlauf – kennzeichnet einen Richtungswechsel des Mercedes-Designs. Als Abkehr von der bisherigen Keilform hat er sich zum Stilmerkmal aller neuen Modelle entwickelt.

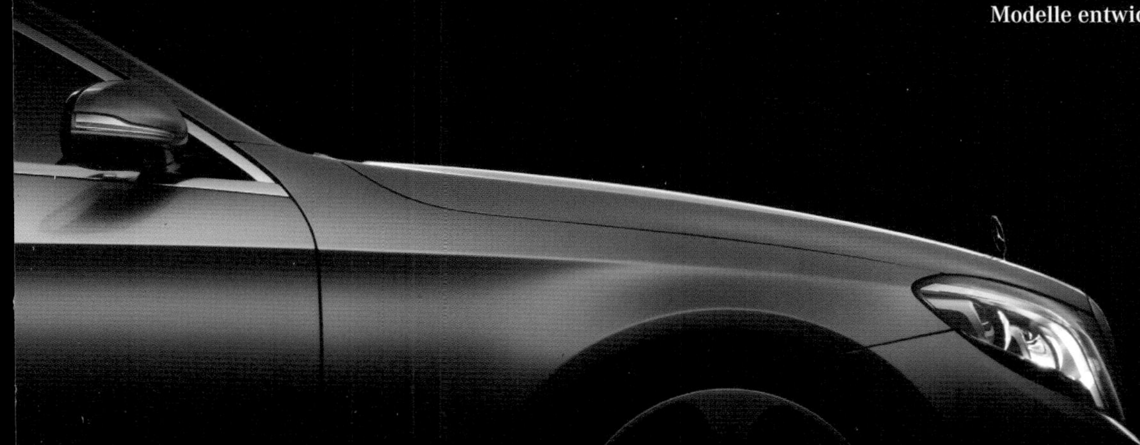

BALANCE LINE

STEILER AUFSCHWUNG

Bei den neuen Kompaktmodellen spielen die Linien in den Seitenflächen der Karosserie ein besonders spannendes Spiel. Während Schulterlinie und Dropping Line die Seitenpartie im oberen Drittel strukturieren, drängt von unten eine dritte, sehr markante Linie hervor, die maßgeblich zur Charakterbildung beiträgt. Diese Balance Line steigt je nach Modell in unterschiedlichem Winkel nach oben an und visualisiert damit den Charakter der Automobile von souverän-elegant bis dynamisch-progressiv.

Gemäß dieser Philosophie macht die Balance Line bei der A- und B-Klasse durch einen sehr markanten Schwung auf sich aufmerksam. Hinter dieser Symbolik steckt eine unmissverständliche Botschaft: Es sind Autos mit besonderem Temperament.

DROPPING LINE

STRAFF GESPANNT UND LEICHT NACH HINTEN ABFALLEND – INTERESSANTER LICHT-SCHATTEN-EFFEKT

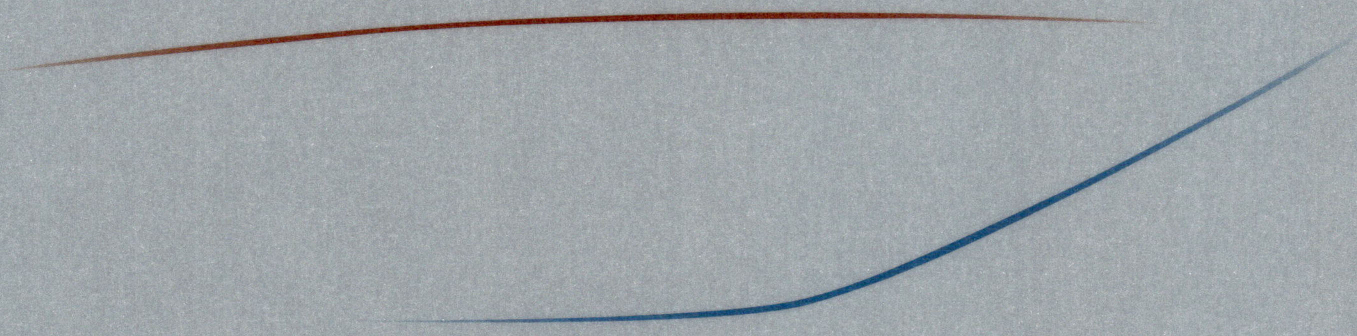

BALANCE LINE

KRAFTVOLLER DRANG NACH OBEN – SIGNATUR EINES TEMPERAMENTVOLLEN CHARAKTERS

DROPPING LINE
STRAFF GESPANNT UND LEICHT
NACH HINTEN ABFALLEND –
INTERESSANTER LICHT-
SCHATTEN-EFFEKT

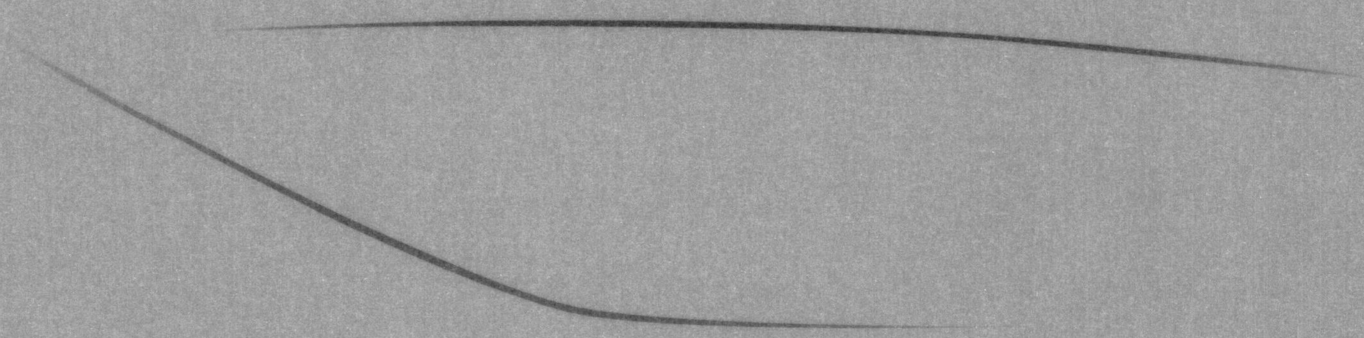

BALANCE LINE
KRAFTVOLLER DRANG NACH OBEN –
SIGNATUR EINES TEMPERAMENTVOLLEN
CHARAKTERS

Duett der Linien:
Dropping Line und Balance Line
betonen den dynamisch-progressiven
Charakter der A- und B-Klasse.

SLS AMG

Die Schulterlinie als gespannter Muskel.

CLS Shooting Brake

Die Dropping Line trifft auf einen weich modellierten Heckkotflügel. Die Balance Line bleibt dezent.

CLA

Dropping Line und Balance Line prägen den dynamisch-kraftvollen Auftritt.

A-Klasse

Die steil ansteigende Balance Line ist ein Zeichen für Temperament und Progressivität.

LINIENFÜHRUNG

INDIVIDUELLE AUSPRÄGUNG ALS CHARAKTERMERKMAL DER MODELLE

Der spannende Linienfluss, der den seitlichen Karosserieflächen Struktur gibt, erscheint je nach Modell in unterschiedlicher Anzahl und Ausprägung. Dahinter steckt eine durchdachte Philosophie, die dazu beiträgt, das individuelle Profil der neuen Mercedes-Modelle zu schärfen.

Während sich beim Supersportwagen SLS AMG die ausgeprägte Schulterlinie wie ein gespannter Muskel von der Front bis zum Heck erstreckt und so den kraftvollen Auftritt des Flügeltürers prägt, wird der moderne „Drop Shape" der Karosserie bei anderen Modellen durch das Zusammenspiel zweier Linien unterstützt.

Tonangebend ist stets die Dropping Line, die sich in ihrem Verlauf vom Scheinwerfer bis zur Fondtür leicht absenkt und so den kraftvollen Formenfluss in Richtung Hinterachse verstärkt. Zusätzliche Akzente setzt die Balance Line. Der Winkel, mit dem diese Linie nach oben ansteigt und den Blick ins Heck führt, entspricht dem Charakter und dem Temperament des jeweiligen Modells: Bei der souveränen S-Klasse oder den CLS-Modellen ist keine weitere Betonung notwendig; hier bleibt die Balance Line dezent, aber durchaus präsent. Ganz anders bei den jungen Typen der neuen Kompaktklasse. Hier zeigt diese Linie deutlich steiler nach oben – als ein klares Statement der progressiven Art.

DACHLINIE

ELEGANTER SPANNUNGSBOGEN

Die Coupés der Marke Mercedes-Benz waren schon immer begehrenswerte Objekte: Automobile für Menschen mit einem Faible fürs Schöne, die auf gutes Design und hochwertige Ausstattung Wert legen und eine gewisse Exklusivität zu schätzen zu wissen. Um diese hohen Ansprüche zu erfüllen, legen die Designer Wert darauf, dass die Coupés nicht als bloße Varianten der Limousinen erscheinen, sondern sich sichtbar als eigenständige Persönlichkeiten hervorheben.

Ob zwei- oder viertürig, Kompakt- oder Luxusklasse: Für die Mercedes-Coupés enthält der stilistische „Genpool" typische Designmerkmale, die jedes Modell eindeutig als Mercedes-Benz identifizieren. Dazu zählen zum Beispiel die elegante, lang gestreckte Silhouette, die markanten Proportionen mit kurzen Karosserieüberhängen an Front und Heck, die spezielle Grafik der Seitenscheiben und – nicht zuletzt – die schwungvoll gezeichnete Dachlinie. Sie spannt sich in einem leichten, aber dennoch kräftigen Bogen über den Karosseriekörper, vereint sich mit der C-Säule und taucht gemeinsam mit ihr sanft in das Heck ein. So entsteht ein weicher, harmonischer Linienfluss – eine Lust fürs Auge. Es sind Formen, die buchstäblich bewegen.

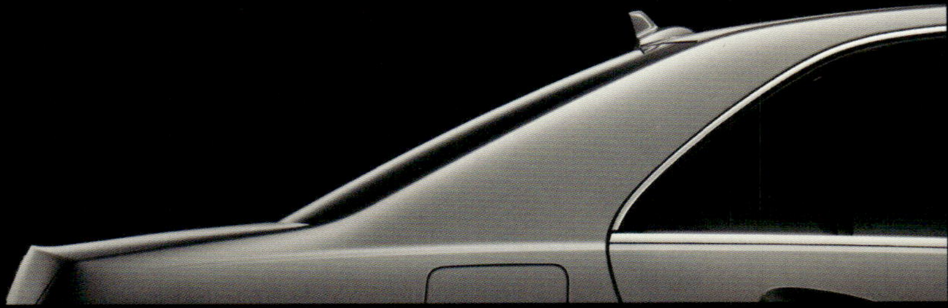

C-SÄULE

HARMONISCHER ÜBERGANG

Die sportliche Eleganz der Coupés überträgt man bei Mercedes-Benz auch auf die Limousinen. Sie übernehmen coupétypische Designmerkmale wie die schmalen, filigran wirkenden A-Säulen oder die Dachlinie, die das „Greenhouse" bogenförmig überspannt und das Dach als eine elegante, lang auslaufende Kuppel formt.

Besonders deutlich wird die enge formale Beziehung zwischen Coupé und Limousine beim Blick auf die C-Säulenkonfiguration. Ob C-, E- oder S-Klasse – der weiche Linienfluss, mit dem die hinteren Dachsäulen in das Heck eintauchen, ist ein ausdrucksstarkes Designmerkmal mit hohem Wiedererkennungswert.

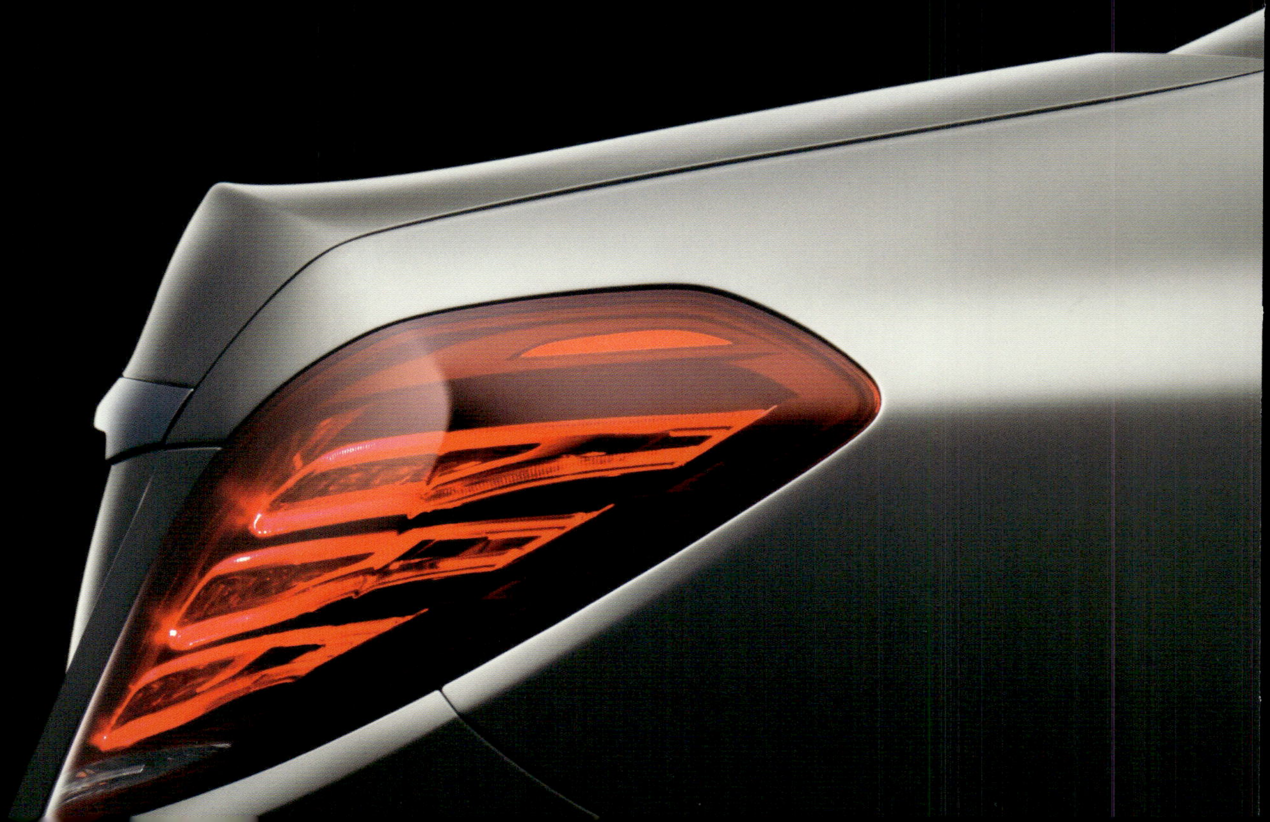

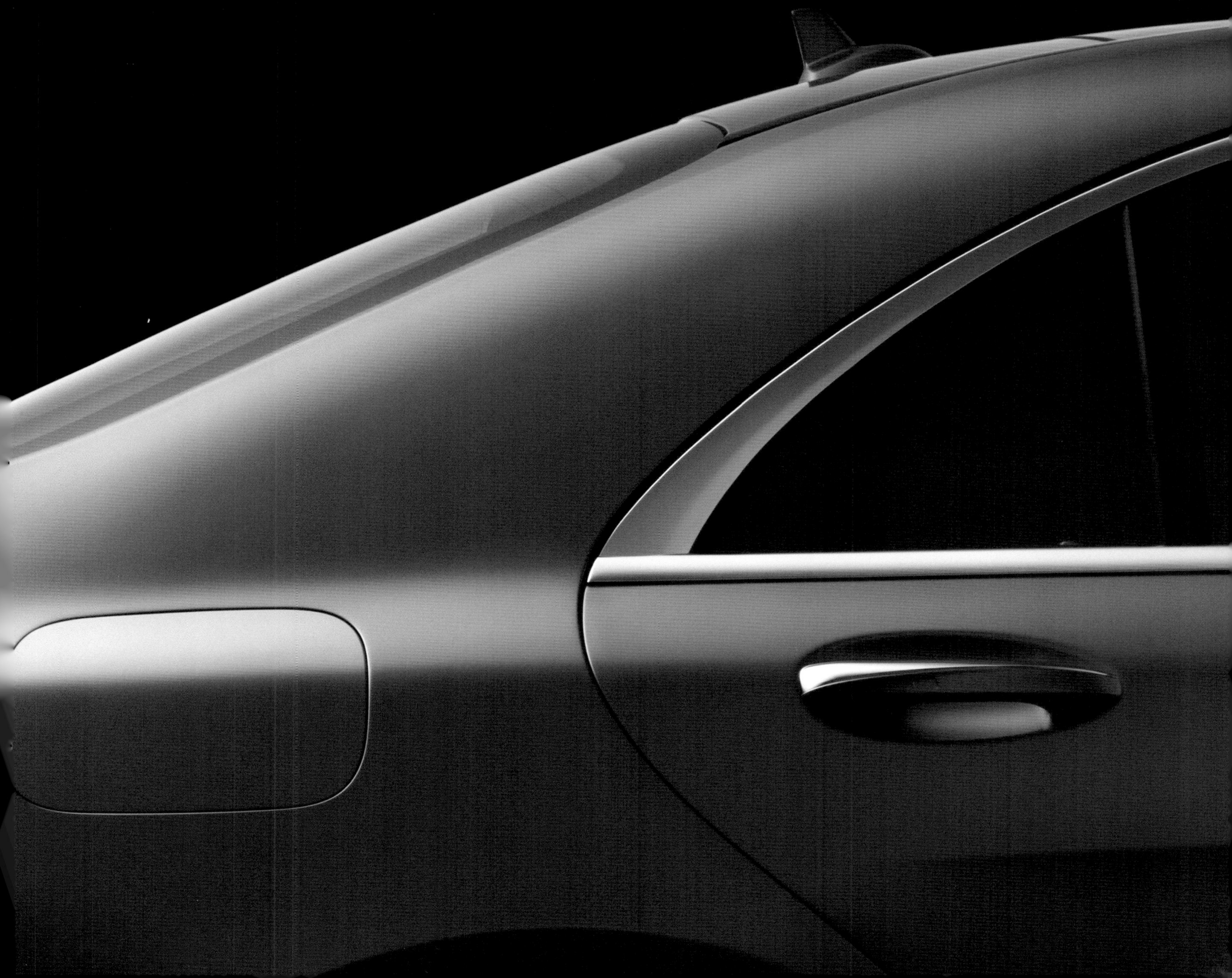

LEUCHTENDES BEISPIEL

Licht als stilbildende Inszenierung

Schöner Schein

Bei der Tischleuchte „Dalù Arancio“ sorgt nicht das Licht, sondern eher das Lampendesign für Aufmerksamkeit. Moderne Autoscheinwerfer sind in beider Hinsicht „lichtstark“.

AUGENBLICK

Scheinwerfer,
die mehr als leuchten

Im Licht der Zeit

In früheren Jahren waren Autoscheinwerfer meist rund und einfach. Heute erstrahlen sie als Meisterwerke in Design und Technik.

Bei der Entwicklung von Autoscheinwerfern gilt ein einfaches Prinzip: Sehen und gesehen werden. Während sich die Ingenieure vor allem um den Aspekt des Sehens kümmern und immer leistungsfähigere Scheinwerfer mit adaptiven Lichtfunktionen entwickeln, beschäftigen sich die Designer heute mehr denn je mit dem zweiten Aspekt der Aufgabenstellung: dem Gesehenwerden. Für sie sind die Scheinwerfer die „Augen" des Autos. Folglich gehören sie zu seiner Physiognomie und Körpersprache; sie bringen damit buchstäblich seinen Charakter ans Licht und betonen seine Identität.

Durch die Form der Scheinwerfer bekommt das Frontdesign sympathische Gesichtszüge, die Emotionen wecken. Ebenso kann der Scheinwerfer aber auch Merkmale wie Souveränität, Dynamik oder Progressivität inszenieren, um die Eigenschaften eines Automodells zu unterstreichen. Mit anderen Worten: Scheinwerfer sind Symbole – Sinnbilder, die Botschaften senden.

Das wurde Mitte der 1990er-Jahre klar, als Mercedes-Benz erstmals das berühmte Vier-Augen-Gesicht präsentierte und mithilfe der Scheinwerfer-Signale setzte, die nicht nur ein neues Modell, sondern ein komplett neues Markenbild charakterisierten. Damals rückte das Scheinwerferdesign in den Fokus der Automobilgestaltung und zählt seitdem zu deren Hauptaufgaben. Mit viel Liebe zum Detail arbeitet man bei Mercedes-Benz daran, den Scheinwerfern neben der traditonellen Kühlermaske die Hauptrolle im Frontdesign neuer Modelle zu geben und sie zu stilbildenden Elementen zu machen. Diese Sorgfalt bewirkt zum Beispiel, dass die Scheinwerfer vieler Modelle in der Gesamtansicht wie Edelsteine erscheinen, die mit handwerklicher Präzision in die Kotflügel eingefügt werden und sich passgenau mit ihnen vereinen.

Doch auch der tiefere Blick in die „Augen" der Automobile offenbart Interessantes: Ob Halogen, Bi-Xenon oder Leuchtdioden, die Module für Abblend- und Fernlicht sind in aufwändig gestaltete Gehäuse eingebettet, die zum Beispiel bei der S-Klasse die Form eines Auges nachbilden. Bei anderen Modellen dienen hochglänzende Zylinder als Umrahmung der Lichtelemente; sie ähneln teuren Kamera-Objektiven und unterstreichen so den hohen technologischen Anspruch der Autos. Die transparenten Streuscheiben in Klarglas-Optik erlauben solche interessanten Einblicke in die Lichttechnik und verstärken im Sonnenlicht den Glanzeffekt der Scheinwerfer.

Besonders effektvoll sind die Zeichen, die aktuelle Modelle von Mercedes-Benz durch ihre Scheinwerfer setzen. Hier betont ein spezielles Lichtelement die Linienführung der Karosserie. Die Designer nennen es „Lichtfackel"; sie folgt zunächst der Form der Kühlermaske, grenzt im weiteren Verlauf präzise die vorderen Konturen der Motorhaube ab und lenkt den Blick auf diese Weise in Richtung Kotflügel, in den das Scheinwerfergehäuse eingebettet ist.

Die „Lichtfackel“ des Scheinwerfers illuminiert den fließenden Übergang von der Front- zur Seitenpartie

Solche Designelemente zeigen, dass es heute bei der Scheinwerfergestaltung längst nicht mehr nur allein um Form oder Größe geht. Neue Technologien ermöglichen es, das Licht in das Gestaltungkonzept einzubeziehen und so auch bei Dunkelheit ein markantes, unverwechselbares Erscheinungsbild der Autos zu zeichnen. Design durch Licht – hinter diesem interessanten Thema steckt eine Erfindung, die Automobilentwickler seit wenigen Jahren buchstäblich elektrisiert: Leuchtdioden. Zwar wurden die „Licht Emittierenden Dioden“ (LED) schon zu Beginn des 20. Jahrhunderts erfunden, doch im Automobil tauchten sie erst in den 1990er-Jahren auf – zunächst als Innenraumbeleuchtung oder Bremslichter und mit zunehmender Leistungssteigerung nach und nach auch als Frontscheinwerfer. Mercedes-Benz war 2010 der weltweit erste Automobilhersteller, der einen dynamischen Voll-LED-Scheinwerfer in Serie brachte. Hier übernehmen insgesamt 71 Leuchtdioden alle Lichtfunktionen – vom Standlicht über Blinker und Ablendlicht bis zum adaptiven Fernlicht. Leuchtdioden sind nur wenige Quadratmillimeter kleine Halbleiter, die elektrische Energie direkt

Lichtblick

Konzentriert schaut das „Auge" des viertürigen CLA-Coupés voraus.

in Licht umwandeln können. Gegenüber den herkömmlichen Halogen- oder Xenon-Lampen bieten sie viele Vorteile: längere Lebensdauer, besserer Wirkungsgrad, geringerer Energieverbrauch. Designer schätzen die LEDs vor allem wegen ihrer winzigen Dimensionen. Sie bieten ihnen weitaus mehr stilistische Freiheiten als bisher und eröffnen somit neue Möglichkeiten für das Frontdesign künftiger Modelle. Mehr noch: Da sich Leuchtdioden nahezu beliebig anordnen, verketten und kombinieren lassen, entstehen LED-Reihen mit faszinierender Wirkung. Das ist Lichtgestaltung im Wortsinne.

Auch die „Lichtfackeln" von A-Klasse, CLA oder S-Klasse entfalten ihre Strahlkraft auf mithilfe moderner LED-Technik. Sie sind in die Gehäuse der Scheinwerfer eingebettet und werden durch ihren markanten Verlauf zu integralen Bestandteilen der neuen Formensprache von Mercedes-Benz. Denn die „Lichtfackeln" der Scheinwerfer illuminieren quasi den Ursprung der für das Design der Karosserieflanken wichtigen Dropping Line.

Wer genauer hinschaut, erkennt durch dieses interessante Zusammenspiel von Licht und Design zugleich auch die sprichwörtliche Liebe der Designer zum Detail. Beispielsweise beim viertürigen Coupé CLA: Die Dropping Line entwickelt sich aus einer dezenten Kante in der Abdeckscheibe des Scheinwerfers; die Lichtfackel verläuft unmittelbar darüber und unterstreicht damit den Linienfluss. Der Blick folgt ihr und wird von der Dropping Line über Kotflügel und Türen nach hinten geführt.

— „Wir wollen nicht nur optisch, sondern ebenso technisch den nächsten Schritt gehen und begeistern. Deshalb wird zukünftig die Faszination der Mechanik eine große Rolle in unserem Lichtdesign spielen“

Stefan Handt,
Lichtdesigner bei Mercedes-Benz

Signale aus der Zukunft

Mit dem Concept Style Coupé gibt Mercedes-Benz einen Ausblick auf künftige „Lichtspiele". Bewegliche Lamellen, die vor den Leuchtdioden des Blinkers auf- und zuklappen, setzen effektvolle Zeichen.

Sogar im Stand machen die Scheinwerfer der Designstudie auf sich aufmerksam: Ihre „Augen" leuchten rot

Schaufenster

Die Leuchtdioden des E-Klasse-Scheinwerfers erscheinen wie funkelnde Edelsteine im Schaufenster eines Juweliers.

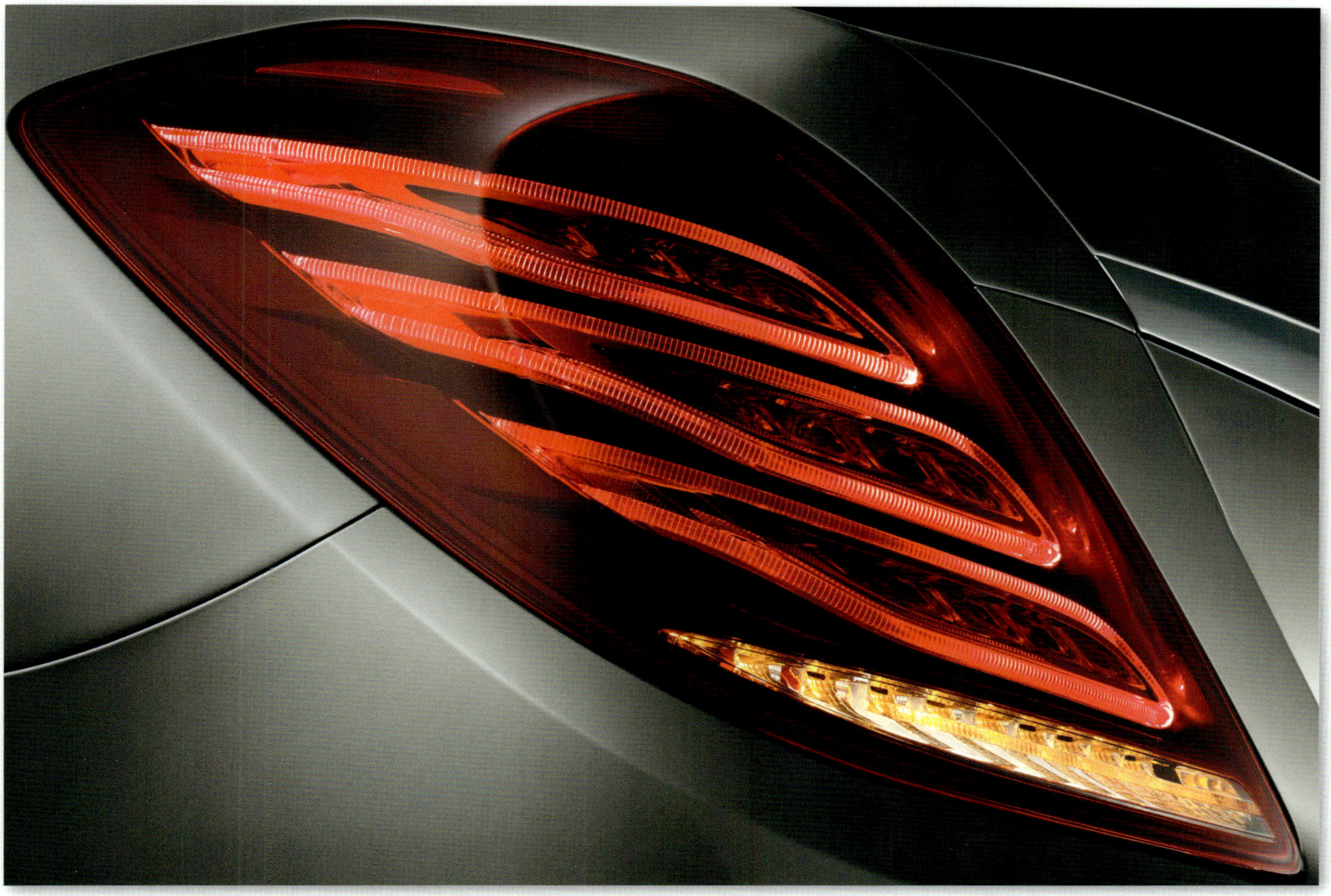

Ebenso wie die Frontscheinwerfer werden auch die Rückleuchten zu wichtigen Elementen der Linienführung. Markentypisch ist zum einen die horizontale Grafik der Rückleuchten; sie kennzeichnet die Mercedes-Personenwagen seit weit über 50 Jahren. Eine andere Stilregel lautet Integration: Die Heckleuchten haben die Aufgabe, Seiten- und Heckpartie formal miteinander zu vereinen. Deshalb zeichnen sich die Mercedes-Rückleuchten durch große Deckgläser aus, die weit bis in die Seitenbereiche der Karosserie ragen und so als optische Bindeglieder dienen. Konsequent greifen die Heckleuchten den Linienfluss der Seitenflächen auf und übertragen ihn bis ins Heck.

Auch hier unterstützt moderne Lichttechnik die Gestaltung. Leuchtdioden und von ihnen gespeiste Lichtleiter erzeugen ein wirkungsvolles Nachtdesign, das den verschiedenen Modellreihen auch in der Heckansicht einen individuellen Charakter verleiht. Zu den Effekten dieser Lichtgestaltung gehört zum Beispiel eine interessante optische Tiefenwirkung, die durch direkt und indirekt abstrahlende LEDs erzielt wird. So werden einerseits die roten Bereiche der weit in die Seitenflanken ragenden Bereiche des Rücklichts gleichmäßig ausgeleuchtet, während andere LED-Einheiten sich von dem diffus beleuchteten Hintergrund abheben und dadurch quasi im Raum schweben.

Durch die vielseitigen Möglichkeiten der leuchtenden Dioden lassen sich zudem interessante Formen kreieren, die den Blick anziehen und Begeisterung wecken: Licht als facettenreiche Inszenierung.

Blickfang

Die Rückleuchten der S-Klasse setzen in zweifacher Hinsicht Zeichen – technisch und formal.

Signale in der Nacht

Kunstvoll geformte LED-Elemente im Inneren der Rückleuchten inszenieren das Nachtdesign und geben den Automobilen auch in der Heckansicht eine unverwechselbare Identität

S MB 1060

Weißer Rauch
Rauchsonden helfen den Ingenieuren bei ihren Tests, den Wind sichtbar zu machen.

VIEL WIRBEL UM DEN WIND

Ästhetik trifft Technik:
Die Aerodynamik verbindet
zwei Welten

WINDKRAFT

Auf Stromlinie

Ideallinie

Aktuelle Tests zeigen, dass der legendäre 300 SL Flügeltürer von 1954 auch aerodynamisch gut in Form ist – ebenso wie der heutige Supersportwagen SLS AMG.

Automobildesign ist Teamarbeit. Ingenieure und Designer entwickeln gemeinsam. Im Team suchen sie nach Lösungen, die Kunst und Technik in Einklang bringen – nach ästhetisch-funktionalen Details, deren Summe schließlich das große Ganze formt. Das erfordert Wissen, Kompromissbereitschaft und viel Geduld. Mit anderen Worten: Die Designstudios erfolgreicher Automobilhersteller sind keine „Traumfabriken". Der „emotionalen Phase", die den Gestaltern noch großen Spielraum lässt, um ihre Visionen für ein künftiges Modell zu skizzieren und neue Formen auszutesten, folgen Entwicklungsphasen mit weitaus rationaleren Aufgabenstellungen. Sie erfordern ebenso viel Kreativität, allerdings meist auf technisch-sachlicher Grundlage. Damit stehen die Automobildesigner vor weitaus schwierigeren Aufgaben als ihre Kollegen in anderen Industriebranchen. Denn das Auto ist ein aus vielen unterschiedlichen Einzelbereichen zusammengesetztes Produkt, von denen manche so komplex sind wie in anderen Branchen das ganze Gerät. Zudem ist das Auto eines der wenigen Industrieerzeugnisse, von dem die Kunden nicht nur ein schickes Äußeres, sondern auch einen schön gestalteten Innenraum und in vielen verschiedenen Themenfeldern Perfektion und Funktionalität erwarten: Sicherheit, Komfort, Umweltverträglichkeit, Wirtschaftlichkeit oder Aerodynamik um nur einige der aktuellen Kernaufgaben bei der Pkw-Entwicklung zu nennen.

Seit Designer sind in den technischen Entwicklungsprozess einbezogen sind, heißt es für sie, Kompromisse zu finden. Kompromisse sind beispielsweise notwendig, wenn Motoreningenieure ihre Wünsche hinsichtlich der Motorkühlung anmelden und deshalb eine Anpassung der Frontpartie notwendig wird oder wenn Fertigungsspezialisten bei bestimmten Materialien oder Ausformungen auf die Grenzen des produktionstechnisch Machbaren hinweisen. Funktion und Ästhetik, Technik und Kunst: Was auf den ersten Blick widersprüchlich klingt, muss sich im Automobil zu einem harmonischen Gesamtkonzept vereinen.

Hier beginnt die eigentliche Leistung des Designers, der trotz aller Vorgaben, Zielkonflikte und Zwänge immer wieder etwas Neues kreiert. Das Ziel ist erreicht, wenn sich Formgestaltung und Ingenieurskunst ergänzen. Das sei der Schlüssel zum Erfolg, erklärt man bei Mercedes-Benz. Deshalb gehen bei dem Stuttgarter Autohersteller formale und technische Innovationen Hand in Hand. Zwar gilt auch hier die These des US-amerikanischen Architekten Louis Sullivan, der den Grundsatz „Form Follows Function" entwickelte, doch daraus lässt sich keine Vorrangstellung der Technik gegenüber der Gestaltung ableiten. Im Gegenteil: In Anbetracht der zunehmenden Bedeutung des Designs für die Charakterisierung und Positionierung der Automodelle könnte man durchaus von „Form mit Funktion" sprechen.

Besonders deutlich wird die fruchtbare Zusammenarbeit zwischen Design und Technik auf dem Gebiet der Aerodynamik, einer Entwicklungsdisziplin mit stetig zunehmender Bedeutung.

Eine gute Umströmung der Karosserie ist nicht nur für die Fahrsicherheit maßgebend, sie hat auch Einfluss auf Geräuschkomfort und Fahrverhalten. Vor allem ist es aber das Streben nach besserer Kraftstoffeffizienz, das die Aerodynamik in letzter Zeit mehr denn je in den Fokus der Pkw-Entwicklung rückt.

Immerhin: Bei einem Kompaktwagen muss der Antrieb schon ab einem Tempo von 60 km/h den Großteil seiner Kraft aufbringen, um den Luftwiderstand zu überwinden – egal, ob Diesel oder Benziner, Elektromotor oder Brennstoffzelle. Bei 120 km/h ist die Windlast sogar rund vier Mal größer als der Rollwiderstand.

Eine der maßgeblichen Größen in der Aerodynamik ist der Luftwiderstandsbeiwert, auch c_w-Wert genannt. Er beschreibt die aerodynamische Qualität einer Form und hat messbaren Einfluss auf den Kraftstoffverbrauch. Schon eine Verringerung des c_w-Werts um 0,05 bewirkt bei Autobahntempo

Emotion und Effizienz

Die Mercedes-Formensprache schafft wichtige Voraussetzungen für aerodynamische Bestleistungen. Der neue CLA ist das strömungsgünstigste Serienauto der Welt.

eine Spritersparnis von durchschnittlich 0,7 Liter je 100 Kilometer. Es macht also durchaus Sinn, sich mit jedem Tausendstel hinter dem Komma zu beschäftigen.

Strömungstechnisch betrachtet, ist der Tropfen der perfekte Körper. Er hat einen c_w-Wert von etwa 0,05 – besser geht es nach Ansicht der Aerodynamikingenieure nicht. Theroretisch. In der Praxis gilt es jedoch, Kompromisse zu finden und Automobile zu entwickeln, die sich neben guter Aerodynamik auch durch ein hohes Maß an Alltagstauglichkeit, Sicherheit, Komfort und Ästhetik auszeichnen. Deshalb wird eine Autokarosserie zwar niemals den Idealwert erreichen, doch in den letzten Jahren konnten die Ingenieure den Abstand zwischen Theorie und Wirklichkeit stetig verringern. Beispiel B-Klasse: Das neue Modell liegt mit einem c_w-Wert von 0,26 deutlich besser im Wind als der Vorgänger (c_w 0,30).

Noch windschnittiger ist das Coupé CLA, dessen Luftwiderstandsbeiwert nur 0,22 beträgt: der neue Bestwert unter den Serienautomobilen. Damit ist der Viertürer ein weiteres Musterbeispiel für die erfolgreiche Interaktion von Design und Aerodynamik – von Emotion und Effizienz. Maßgebend ist die neue Formensprache von Mercedes-Benz mit ihrem kraftvollen, auf das Heck ausgerichteten Linienfluss. Die Designer sprechen vom „Drop Shape" und haben damit eine Form kreiert, die nicht nur gut aussieht, sondern auch den Idealvorstellungen der Aerodynamikingenieure recht nahe kommt. Mit anderen Worten: Die neue „Tropfenform" schafft wichtige Voraussetzungen für weitere c_w-Bestleistungen.

Ebenso wie bei der Designentwicklung spielen Computer auch in der Aerodynamik eine immer größere Rolle. Nur mit ihrer Hilfe gelingt es, das Potenzial für Verbesserungen an und unter der Karosserie zu erkennen und den c_w-Wert Schritt für Schritt zu verringern. Computer berechnen die Umströmung der Karosserie bereits in einer sehr frühen Konzeptphase, also lange bevor die ersten realen Prototypen auf den Rädern stehen. Sie gliedern die Karosserie in rund 50 Millionen einzelne Elemente und machen die Luftströmung an jedem dieser Punkte sichtbar. So können die Ingenieure am Bildschirm Bauteil für Bauteil unter die Lupe nehmen und quasi per Mausklick Veränderungen vornehmen, die der Computer anschließend aufs Neue berechnet. Später werden aus Computerdaten Designmodelle im Maßstab 1:4, die auch im Windkanal ihre Bewährungsprobe bestehen müssen und sich dabei kontinuierlich Technik, Funktion und Linienführung des späteren Serienfahrzeugs annähern.

Die für die Aerodynamik wichtige Feinabstimmung an der Fahrzeuggeometrie beginnt allerdings erst in der 1:1-Phase, also mit Modellen in Originalgröße. Hier finden Strömungssimulationen und Windkanaltests gleichzeitig statt – eine akribische, geduldvolle Detailarbeit mit immensem Aufwand an Technik und Personal. Dabei stehen Designern und Ingenieuren die sogenannten Aero-Hartmodelle im Maßstab 1:1 zur Verfügung, die erstmals auch die Messung aerodynamisch wichtiger Anbauteile wie Kühlermaske, Radspoiler, Außenspiegel und Rückleuchten ermöglichen.

Von klein auf

Ihre ersten aerodynamischen Tests absolvieren neue Automodelle im Miniaturmaßstab 1:4.

Bei der aerodynamischen Entwicklung der B-Klasse arbeiteten die Fachleute beispielsweise insgesamt rund 1100 Stunden im Windkanal und entwickelten im Rahmen ihrer Tests eine Reihe von Details, die teilweise so ausgeklügelt sind, dass man sie zum Patent anmeldete und sie auch für A-Klasse, CLA und andere neue Mercedes-Modelle übernahm. Einzeln betrachtet, vermindern die so optimierten Details den c_w-Wert nur jeweils um wenige Tausendstel, doch in der Summe führen die verschiedenen Einzelmaßnahmen schließlich zu einem Gesamtergebnis, das sich für die Autofahrer an der Tankstelle bezahlt macht.

Zu den patentierten Aero-Details gehören zum Beispiel neuartige schlitzförmige Öffnungen in den vorderen Radhäusern. Sie vermindern das seitliche Ausströmen der Luft aus den Radhäusern, die sonst die perfekte Seitenumströmung der Karosserie empfindlich stören würde. Ebenso wirksam sind die neu entwickelten Vorderradspoiler. Das sind kleine, eher unscheinbare Kunststoffprofile mit genau berechneten Kerben im Spoilerprofil, die den Fahrtwind gezielt an den Rädern und unter den Radhäusern vorbeiführen. Auch die vollständige und glattflächige Unterbodenverkleidung oder die Jalousie vor dem Lüfter, die den Zustrom der Kühlluft in den Motorraum bedarfsgerecht steuert, zählen zu den wirksamen Maßnahmen der Sindelfinger Aerodynamikfachleute bei der Verringerung des Luftwiderstands.

Hohes Heck

Spoiler und Diffusoren unterhalb des Stoßfängers – was gut und sportlich aussieht, dient auch der Aerodynamik.

— „Bei der Verringerung des c_w-Wertes kämpfen wir um jedes Tausendstel hinter dem Komma"

Teddy Woll,
Leiter der Aerodynamikentwicklung bei Mercedes-Benz

Eines der wichtigsten Kriterien bei der strömungstechnischen Entwicklung einer Autokarosserie ist jedoch die Suche nach einer perfekten Heckform. Verblüffend aber wahr: Noch mehr als die Frontpartie beeinflusst das Heck eines Personenwagens den c_w-Wert. Die Ingenieure achten hier vor allem auf den sogenannten „Nachlauf" – das ist Art und Weise, mit der sich die Luft von der Karosserie trennt. Denn unmittelbar hinter dem Fahrzeug können sich Luftwirbel mit Sogwirkung bilden, die wie eine unsichtbare Bremse wirken und unnötig Kraftstoff kosten. Die Dachform, die Neigung der Heckscheibe, die Höhe des Hecks, der Radius der Endkante des Kofferraumdeckels oder der dezente, kaum sichtbare Spoiler sind wichtige Details, die für eine verwirbelungsfreie Heckabströmung sorgen. Auch hier zeigt sich, wie gut Form und Funktion miteinander harmonieren.

Einen zusätzlichen Effekt haben die Abdeckscheiben der Rückleuchten, die bei vielen Modellen mit speziellen Abrisskanten ausgestattet sind. Sie beeinflussen den Fahrtwind, der entlang der Seitenwand strömt und führen ihn weit nach hinten. Ohne die kleinen, spoilerähnlichen Kanten in den Rückleuchten würde der Wind hinter dem Heck nach innen strömen und Unterdruck erzeugen, der sowohl Luftwiderstand als auch Auftrieb negativ beeinflussen kann. Bei leistungsstarken Modellen sind zusätzlich auch die Unterkanten der Heckschürzen als Diffusor geformt. Diese Elemente sehen nicht nur sportlich aus, sondern haben auch eine wichtige aerodynamische Funktion. Der Diffusor unterstützt die Wirkung der glattflächigen Unterbodenverkleidung, die für eine ungehinderte Luftströmung unter dem Fahrzeug sorgt, kanalisiert den Luftstrom unter dem Fahrzeugheck und führt ihn weit hinter das Auto.

Clevere Details

Abrisskanten an den Rückleuchten, Seitenspoiler neben der Heckscheibe und ein integrierter Dachspoiler verbessern bei der A-Klasse die Luftströmung hinter dem Auto.

Aufgrund ihrer exponierten Position zählen vor allem die Gehäuse der Außenspiegel seit jeher zu den aerodynamischen Problemzonen einer Autokarosserie. Deshalb widmeten Designer und Ingenieure von Mercedes-Benz diesen Bauteilen in den letzten Jahren besondere Aufmerksamkeit. Ihr Ziel war es, eine neue Gehäusegeometrie zu entwickeln, die unterschiedlichen Anforderungen entspricht: Design, Aerodynamik, Aero-Akustik und Sicherheit. Das ist gelungen. Strömungstechnisch ist die Form der neu entwickelten Spiegelgehäuse so gut, dass sie zum Beispiel bei der E-Klasse nur einen Anteil von rund drei Prozent am Gesamtluftwiderstand der Karosserie haben. Das sind 70 Prozent weniger als bei anderen Limousinen dieser Fahrzeugklasse. Dieses Resultat ist auch hörbar – besser gesagt: nicht hörbar. Denn die neuen Mercedes-Außenspiegel haben dank ihres Gehäusedesigns und ihrer genau berechneten Anbauposition keinen Einfluss auf die Windgeräusche der Karosserie. Bei den Tests im Aero-Akustik-Windkanal registrierten die Mercedes-Ingenieure bei einem Versuchswagen der E-Klasse ohne Außenspiegel die gleichen Messwerte wie bei einem Fahrzeug mit den neu entwickelten Spiegelgehäusen.

Wie viele Themen hat auch die Aerodynamik bei Mercedes-Benz eine große Tradition. Schon in den 1920er-Jahren arbeiteten die Konstrukteure der Mannheimer Firma Benz & Cie. eng mit dem Flugzeugkonstrukteur Edmund Rumpler zusammen, dessen „Tropfen-Auto“ seinerzeit weltweit für Aufsehen sorgte. Benz erwarb die Nachbaurechte an dem aerodynamischen Sonderling, entwickelte jedoch zunächst nur einen „Tropfen-Rennwagen“, der 1923 beim Rennen in Monza startete. Dank seiner windschnittigen Karosserie schaffte der Rennwagen eine für damalige Verhältnisse beachtliche Höchstgeschwindigkeit von 160 km/h. Mit noch mehr Wissen aus dem Flugzeugbau erreichte die Suche nach der aerodynamischen Auto-Bestform erst wieder in den 1930er-Jahren einen neuen Höhepunkt. Tonangebend war die „Aerodynamische Versuchsanstalt“ (AVA) in Göttingen, deren Fachleute sich in erster Linie mit der

Doppelter Vorteil

Akribische Detailarbeit war notwendig, um für die Außenspiegel ein Gehäuse zu entwickeln, das ebenso formschön wie strömungsgünstig ist.

„Ästhetik aus dem Windkanal“

Beim Experimentalfahrzeug C 111 gewannen Ingenieure und Designer in den 1970er-Jahren neue Erkenntnisse über die Aerodynamik.

Strömungsforschung für Luftschiffe und Flugzeuge beschäftigten. Doch durch die Rekordfahrt von Rudolf Caracciola vom Januar 1938 hatte man auch in der Autobranche erkannt, wie wichtig stromlinienförmige Karosserien sind. Der Rennfahrer war mit dem aerodynamisch optimierten Boliden W 125 auf der Autobahn von Frankfurt nach Darmstadt 436,893 km/h schnell – ein bis heute ungebrochener Straßenrekord.

Einer der AVA-Experten war der 28-jährige Ingenieur Karl Schlör. Er entwickelte ein Familienauto, das 1939 auf der Internationalen Automobil-Ausstellung für Furore sorgte. Rund und glattflächig wie ein Stück Seife unterschied es sich deutlich von den Limousinen der damaligen Zeit. Doch Schlör war kein Designer, er wollte Wissen aus dem Flugzeugbau auf die Straße zu bringen – zum Vorteil der Autofahrer. Er nahm das Profil einer besonders strömungsgünstigen Flugzeugtragfläche als Grundform für die Karosserie, verwendete das Fahrgestell des Mercedes-Benz 170 H (W 28) und erzielte ein sagenhaftes Ergebnis: einen Luftwiderstandsbeiwert von nur 0,186. Zum Vergleich: Damals kamen die Serienautos mit Werten von 0,5 bis 0,7 auf die Straße. So war der Schlör-Wagen nicht schön, aber extrem strömungsgünstig. Dass es auch anders geht, bewiesen die Mercedes-Konstrukteure in den 1950er-Jahren mit dem legendären Sportwagen 300 SL. Er war schön und aerodynamisch zugleich. Neue Messungen im Stuttgarter Mercedes-Windkanal zeigen, dass der „Flügeltürer“ je nach Ausführung (Rennsportwagen oder Straßenversion) einen c_w-Wert von 0,38 bis 0,40 erreicht und damit deutlich besser war als viele seiner damaligen Konkurrenten.

Neue strömungstechnische Spitzenleistungen strebten die Ingenieure Ende der 1960er-Jahre an, als sie von Rudolf Uhlenhaut, Chef der Pkw-Entwicklung, den Auftrag bekamen, den Mercedes-Benz von übermorgen zu konstruieren. Projektname C 111: „Es geht um den weiten Bereich des Forschens und Findens von Lösungen“, machte die Mercedes-Pressestelle neugierig und sprach von einem „Experimentalfahrzeug“, das nicht in Serie gehen sollte. Das Ziel war, neue Herausforderungen zu meistern. Zum Beispiel in der Aerodynamik: „Tatsächlich haben wir damals viel über die Strömungsvorgänge an der Karosserieoberfläche gelernt“, erinnert sich Peter Pfeiffer, ehemaliger Mercedes-Designchef. „Wir erkannten zum Beispiel, dass man den c_w-Wert vor allem durch die Gestaltung des Hecks positiv beeinflussen kann.“ So entstand ein Heckdesign, das zwar für einen guten c_w-Wert von 0,33 sorgte, stilistisch aber heftig diskutiert wurde. Hoch und kantig bildete es einen deutlichen Kontrast zu der Form der Serienmodelle. Damals ahnte freilich noch niemand, dass dieses Gestaltungskonzept Jahre später beim Typ 190 („Baby-Benz“) Einzug in die Formensprache von Mercedes-Benz finden wird.

Bei der Vorstellung der S-Klasse des Jahres 1979 (W 126) war die „Ästhetik aus dem Windkanal“ erneut ein wichtiges Thema. Ausführlich erklärte der Verkaufsprospekt den Kunden, dass man „bei der Reduzierung des Luftwiderstands alle Möglichkeiten“ genutzt habe. Zugleich widerlegte das Design der Limousine die weitverbreitete Behauptung, die Windkanalforschung fördere einen automobilen Einheitslook zutage. Damals wie heute beugen sich die Designer nicht dem „Diktat des Windkanals“, sondern erkennen die Gestaltungsmöglichkeiten innerhalb der physikalischen Gesetzmäßigkeiten und nutzen sie. So behalten die Modelle ihre formale Eigenständigkeit und glänzen zugleich mit vorbildlicher Aerodynamik.

Mit c_w 0,36 war der Typ W 126 das aerodynamisch beste Serienauto seiner Zeit. Das sei ein Wert, so die damalige Mercedes-Werbung, der nahe an der „untersten erreichbaren Grenze für Serienlimousinen“ liegt. Diese Grenze sah man bei 0,30. Sie ist heute längst unterschritten: Der c_w-Wert der neuen S-Klasse (W 222) beträgt nur 0,23 – rund 36 Prozent weniger als 1979.

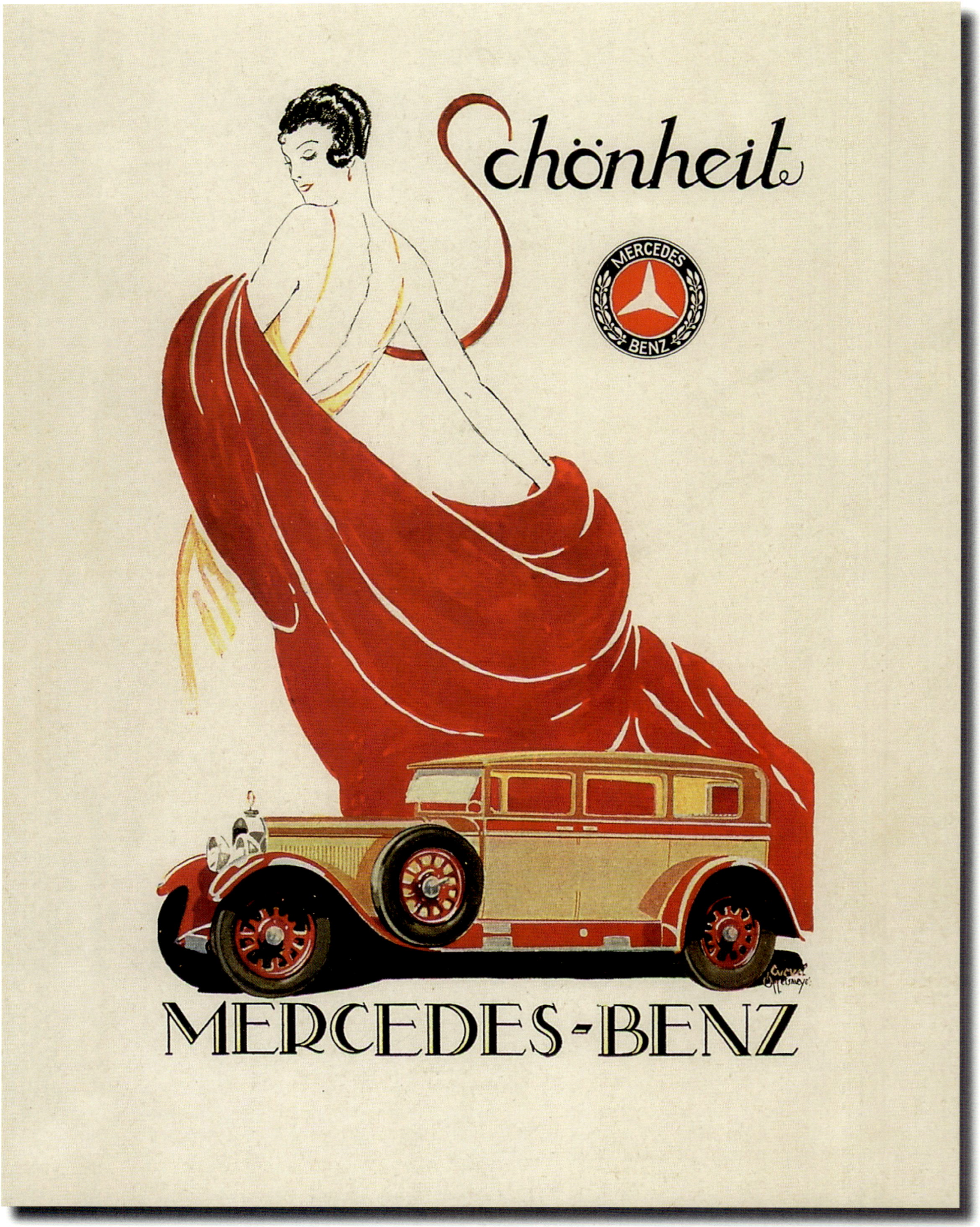

Bild mit Dame

Von Design spricht 1928 noch niemand, doch die Botschaft ist trotzdem unmissverständlich: Die Formgestaltung wird zum Werbethema.

EINE FRAGE DES STILS

Die Designgeschichte der Marke Mercedes-Benz

ZEITGEIST

Ästhetik hat Tradition

Zukunft mit Herkunft

Der Mercedes-Simplex 40 PS von 1902 ist ein Meisterstück technischer Raffinesse und Schönheit. Heutige Mercedes-Modelle wie die A-Klasse tragen seine Gene.

Sie hatten weder Türen noch Scheiben, weder Dach noch Scheinwerfer. Sie rollten auf Eisen- oder Vollgummireifen und durften nur mit besonderer polizeilicher Genehmigung bewegt werden. Doch sie fuhren – und das war das Wichtigste: Einfach aber dennoch innovativ, so kamen die ersten Automobile auf die Welt. Meisterwerke der Ingenieurskunst. Technisch waren sie genial und zukunftsweisend, doch formal eher rückständig. Design war für die Pioniere der motorisierten Fortbewegung kein Thema. Carl Benz entwarf die Form seines Patent-Motorwagens rein nach technischen Gesichtspunkten und Gottlieb Daimler orientierte sich an den anderen Fahrzeugen, die gegen Ende des 19. Jahrhunderts über die Straßen rollten: an offenen Pferdekutschen. So blieb es für einige Jahre.

Doch kaum hatten die ersten Automobile richtig laufen gelernt, da streben ihre wohlhabenden und anspruchsvollen Besitzer nach mehr – nach mehr Tempo, mehr Zuverlässigkeit und mehr Fahrsicherheit. Ein neuer Zeitvertreib kommt in Mode: Autorennen. Vor allem an der Côte d'Azur, wo sich die Haute Volée Europas trifft und die Wintermonate verbringt, gehören Rennveranstaltungen zu den wichtigsten gesellschaftlichen Ereignissen. Regelmäßig führen die „Herrenfahrer" ihre neuesten automobilen Errungenschaften dem Publikum vor und beweisen bei waghalsigen Rennen ihren Mut und ihr Fahrkönnen. Nur die Technik setzt dem Streben nach immer höheren Geschwindigkeiten Grenzen. Denn mit den damals üblichen Fahrgestellen aus dem Kutschenbau lassen sich die steigenden Ansprüche der Kunden nicht erfüllen. „Was wir brauchen, ist ein völlig anders ausgelegtes Fahrzeug", empfängt man Wilhelm Maybach, Chefkonstrukteur der Daimler-Motoren-Gesellschaft (DMG), im Frühjahr 1900 bei einem Besuch in Nizza. Sein Gastgeber heißt Emil Jellinek, ein wichtiger Mann im Autogeschäft. Er pflegt beste Beziehungen zur noblen Gesellschaft an der Côte d'Azur und konnte dort in nur 15 Monaten mehr als zwei Dutzend Motorwagen verkaufen. So avanciert er zum erfolgreichsten Händler der DMG. Zudem hat Jellinek ein feines Gespür für Trends. „Ich will nicht das heutige, auch nicht das morgige, ich will das Auto von übermorgen", fordert er und gibt auch gleich bekannt, wie er sich dieses Auto vorstellt: schöner, leichter und vor allem schneller.

Jellinek gibt keine Ruhe, lässt sich nicht abwimmeln. Ständig kritzelt er neue Ideen und benutzt dafür vorzugsweise die Manschetten seiner Hemden, sodass er sich mehrmals täglich umziehen muss, damit sein Sekretär die Notizen aufs Papier übertragen kann. Mit diesem Tatendrang gewinnt er schließlich das Vertrauen Wilhelm Maybachs. Zurück in Cannstatt macht sich der Chefkonstrukteur der DMG an die Arbeit und stellt dabei vieles auf den Kopf, was bisher auf dem Gebiet der Fahrzeugtechnik üblich war. Was dabei herauskommt, ahnt jetzt noch niemand. Nur eines steht am Anfang dieses Experiments bereits fest: Das neue Modell soll Mercedes heißen – so lautet der Name von Jellineks jüngster Tochter, den der Autoverkäufer oft auch als Pseudonym verwendet.

Das ist die Vorgeschichte zu einer neuen Ära des Automobilbaus. Fortan rückt neben der Technik auch die Formgestaltung in den Fokus der Konstrukteure. Wilhelm Maybach macht den Anfang.

Am Start
Beim Langstreckenrennen Nizza-Salon-Nizza, das im März 1901 stattfindet, beginnt die Erfolgsgeschichte des ersten Mercedes.

Vom Kutschen-Stil zur „Torpedo“-Karosserie

1894 Benz Phaeton

1901 Mercedes 35 PS

1911 Mercedes 37/90 PS

1912 Benz 10/30 PS

Formaler Wandel

Den Motorkutschen folgt 1901 mit dem Mercedes 35 PS der erste Personenwagen moderner Prägung. Ein weiterer stilistischer Meilenstein ist die integrale Form mit dem „Torpedo“, das Motor- und Passagierraum zu einer formalen Einheit verbindet.

Es ist Samstag, der 22. Dezember 1900 als in Cannstatt bei Stuttgart ein fabrikneues Automobil auf eine lange Reise mit der Eisenbahn geschickt wird. Sein Ziel ist das südfranzösische Nizza, wo man es schon voller Ungeduld erwartet. Es ist das erste Exemplar jenes Modells, das Wilhelm Maybach in nur wenigen Monaten entwickelt hatte und das endlich nicht mehr auf dem Fahrgestell einer Pferdekutsche basiert. Ein Auto voller neuer Erfindungen und zudem weitaus leistungsstärker als seine Vorgänger. 24 PS hatte Jellinek gefordert, doch Maybach holt sogar 35 Pferdestärken aus der Sechs-Liter-Maschine – eine Sensation für damalige Verhältnisse. In Nizza angekommen, sorgt der Mercedes sofort für Aufsehen. Die Zeitungen berichten über „ein bemerkenswertes Fahrzeug“ und sehen darin einen „gefürchteten Konkurrenten bei den nächsten Rennen“. Tatsächlich: Im März 1901 gehen fünf Mercedes-Wagen bei der Rennwoche von Nizza an den Start und dominieren den gesamten Wettbewerb. „Wir sind die Ära Mercedes eingetreten“, stellt der Generalsekretär des französischen Automobilclubs voller Bewunderung fest und wenig später steht die reiche Kundschaft Schlange, um das neue Modell zu erwerben.

Maybach hatte das erste moderne Automobil geschaffen. Ein Meisterwerk technischer Schönheit – ohne jeden Schnörkel, kompakt gebaut, mit niedriger Motorhaube, tiefem Schwerpunkt, lang gestreckter Form und fast gleich großen Rädern an beiden Achsen. Vor allem der organisch in die Front integrierte Kühler wird zum markenprägenden Erkennungszeichen der Automobile aus Stuttgart. So löst der erste Mercedes in der Automobilindustrie nicht nur einen konstruktiven, sondern auch einen stilistischen „Erdrutsch“ aus und wird zum Vorbild.

Von Design spricht in dieser Zeit indes noch niemand. Auch nicht als die Mannheimer Firma Benz & Cie. AG im Jahre 1909 einen Renn- und Rekordwagen vorstellt, der neue Trends für die Karosseriegestaltung setzt: Motorraum und Karosserie bilden eine formale Einheit. War es bis dato üblich, Vorbau und Motorraum durch eine Spritzwand vom eigentlichen Aufbau zu trennen, so erhält der Benz 200 PS eine quasi aus einem Guss gestaltete, seitlich geschlossene Karosserie. Bei diesem als „Blitzen Benz“ bekannten Typ, der Anfang November 1909 als erstes benzinbetriebenes Auto ein Spitzentempo von über 200 km/h erreicht, dient das neue Gestaltungskonzept vor allem der Aerodynamik. Doch die integrale Bauweise setzt sich zunehmend auch bei den Serienwagen durch – zunächst bei den offenen Tourenwagen und später auch bei den geschlossenen Varianten. Man spricht vom „Torpedo“ oder vom „Windlauf“ und meint damit das markant geformte Blech, das zum Beispiel bei der Benz 10/30 PS-Limousine (Foto oben) Motorraum und Fahrgastbereich formschlüssig miteinander verbindet. Heute ist in diesem Zusammenhang vom „Two-Box“-Design die Rede. Auf Basis des neuen Gestaltungskonzepts entstehen auch schnittige Sportwagen wie zum Beispiel der Mercedes 37/90 PS von 1911, der zugleich ein anderes markantes Stilmerkmal aufweist, das in der späteren Modellgeschichte von Mercedes-Benz noch eine symbolträchtige Rolle spielen wird: der pfeilförmig gestaltete „Spitzkühler“.

Phaeton, Landaulet, Tonneau, Coupé, Cabriolet – die damals üblichen Bezeichnungen der Automodelle sind Relikte aus der Kutschenzeit. Sie kennzeichnen eine Vielzahl von Karosserievarianten, die zu Beginn des 20. Jahrhunderts auf die Straßen rollen. Die meisten von ihnen sind offene Automobile, die auch formal herausragen. Während die Landaulets und die späteren „Innensteuer-Limousinen“ (auch „Innenlenker“ genannt) meist durch kantige Kastenaufbauten in Erscheinung treten, lassen die Sportwagen mit ihren langen Motorhauben und den schwungvoll gestalteten Kotflügeln durchaus erkennen, dass sich die Konstrukteure mehr denn je auch über das Aussehen ihrer Modelle Gedanken machen. So starten die Marken Benz und Mercedes Anfang der 1920er-Jahre gut vorbereitet in ein Jahrzehnt, das in puncto Architektur, Möbel- und Produktdesign eine Reihe von Klassikern hervorbringt, die bis heute begehrt sind. Die traumhaft schönen Sportwagen wie der legendäre Mercedes-Benz S von 1927 gehören dazu.

1900 bis 1930:

Vom Burberry zum Barcelona-Chair

Als die ersten Mercedes-Wagen wegen ihrer neuartigen Konzeption Furore machen, etabliert sich in Europa ein neues Bewusstsein über die Gestaltung von Gebrauchsgegenständen. Man beginnt zu erkennen, dass die schöne und zugleich zweckmäßige Formgebung ein Qualitätsmerkmal der Produkte ist. Das Ergebnis dieser mehrjährigen Phase des Umdenkens ist ein neuer Stil, bei dem sich Architekten und Designer aufs Wesentliche konzentrieren: auf die Reinheit der Formen. So entstehen Design-Klassiker, die bis in die Gegenwart allen stilistischen Trends trotzen und in ihren Bereichen noch immer zu den begehrtesten Produkten zählen.

In der Mode kreiert zum Beispiel der Brite Thomas Burberry im Jahre 1901 jenen legendären Regenmantel, der noch heute nach einem nahezu unveränderten Muster geschneidert wird. Der Trenchcoat-Couturier sah und sieht bisher keinen Grund, von diesem Prinzip und diesem Erscheinungsbild abzuweichen – man kann es offenbar nicht verbessern. Ein „Meisterstück", das seit nunmehr fast neun Jahrzehnten auf dem Markt ist, gibt es auch von der Hamburger Firma Montblanc. Ihr schwarzer Füllfederhalter mit der wertvollen 18-Karat-Goldfeder zählt seit 1924 zu den festen Bestandteilen der internationalen Schreibkultur. Das Design ist einzigartig – so einzigartig, dass der Füller in die Sammlung des Museum Of Modern Art in New York aufgenommen wurde.

Meisterwerke der Möbelbaukunst jener Zeit sind zum Beispiel die Entwürfe des Ungarn Marcel Breuer. Er gehört in den 1920er-Jahren zum Team des Dessauer Bauhauses und entwirft aus gebogenem Stahlrohr Möbelstücke, die durch schlichte Eleganz und gute Funktionalität beeindrucken. Beides macht die von der Firma Thonet hergestellten Freischwingerstühle und Tische zu zeitlosen Schönheiten. Ebenso legendär sind die „PH"-Leuchten des Dänen Poul Henningsen. Zehn Jahre lang hatte er sich mit dem Thema Licht- und Leuchtendesign beschäftigt, bevor er diese Tischlampe Mitte der 1920er-Jahre entwirft. Technische Perfektion, die zum Beispiel durch die blendfreie Lichtverteilung erlebbar wird, und anspruchsvolles Design bilden bei der von Louis Poulsen hergestellten „PH" eine einzigartige Synergie.

„Barcelona Chair" heißt der weltberühmte Sessel aus dem Programm der Firma Knoll International: Als 1929 in Barcelona die Weltausstellung stattfindet, bekommt der aus Aachen stammende Architekt Ludwig Mies van der Rohe den Auftrag, für den deutschen Pavillon ein modernes Sitzmöbel zu gestalten. Darauf soll Spaniens Königspaar anlässlich der Eröffnung der deutschen Ausstellung Platz nehmen. Der Sessel findet königliches Wohlwollen und wird zum Kultobjekt.

1910
Trenchcoat von Thomas Burberry

1924
Montblancs „Meisterstück"

1925
Satztische „B9" von Marcel Breuer

1925
Tischlampe „PH" von Poul Henningsen

1929
„Barcelona Chair" von Ludwig Mies van der Rohe

WM

Porträt: Wilhelm Maybach

Radikal und wegweisend prägt seine Idee die Automobilgeschichte: Notdürftig umgebaute Kutschengestelle, so erkennt Wilhelm Maybach, taugen nicht für die steigenden Anforderungen der „Selbstfahrer“ unter den Automobilisten. Deshalb entwirft er den Ur-Typ des ersten richtigen Personenwagens – des ersten Mercedes.

Maybach, am 9. Februar 1846 in Heilbronn geboren und mit zehn Jahren Vollwaise, lernt technisches Zeichnen und Konstruktion in der Maschinenfabrik einer karitativen Einrichtung in Reutlingen. Mit 18 Jahren erhält er seine erste Anstellung als Konstrukteur und lernt Gottlieb Daimler kennen. Es ist der Beginn einer kongenialen Zusammenarbeit. Als Daimler Mitte 1882 in Cannstatt bei Stuttgart eine eigene Werkstatt aufbaut, wird Wilhelm Maybach „Chefkonstrukteur“ des Zwei-Mann-Betriebs. Beide erfinden sie den ersten schnelllaufenden Viertakt-Benzinmotor und bauen auf dieser Basis 1886 das erste vierrädige Automobil – eine motorisierte Pferdekutsche. Um Kapital für die notwendige Expansion des Betriebs zu ermöglichen, wird – unter Beteiligung verschiedener Industrieller – am 28. November 1890 die Daimler-Motoren-Gesellschaft (DMG) gegründet, deren Schicksal nach dem Tod Gottlieb Daimlers am 6. März 1900 vor allem von Emil Jellinek und seiner Forderung nach einer vollständigen Neukonstruktion des Automobils beeinflusst wird. Maybach löst die Aufgabe und entwickelt den ersten Mercedes. Fortan nennen ihn die Franzosen respektvoll „Roi des constructeurs“: König der Konstrukteure.

Wilhelm Maybach stirbt am 29. Dezember 1929 im Alter von 83 Jahren und wird in Cannstatt beigesetzt.

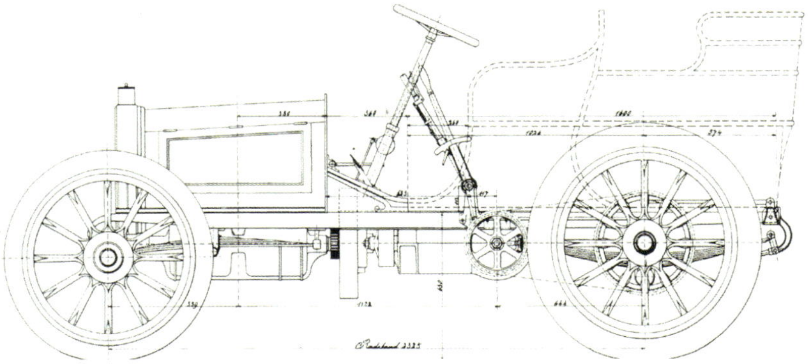

Im Detail

Maybachs Design- und Konstruktionszeichnung des Mercedes 35 PS ist die Geburtsurkunde des modernen Automobils.

„Leicht, schön und schnell“

So lauten im Jahre 1900 Emil Jellineks Vorgaben für die Entwicklung des ersten Mercedes-Modells. Er wird nicht enttäuscht

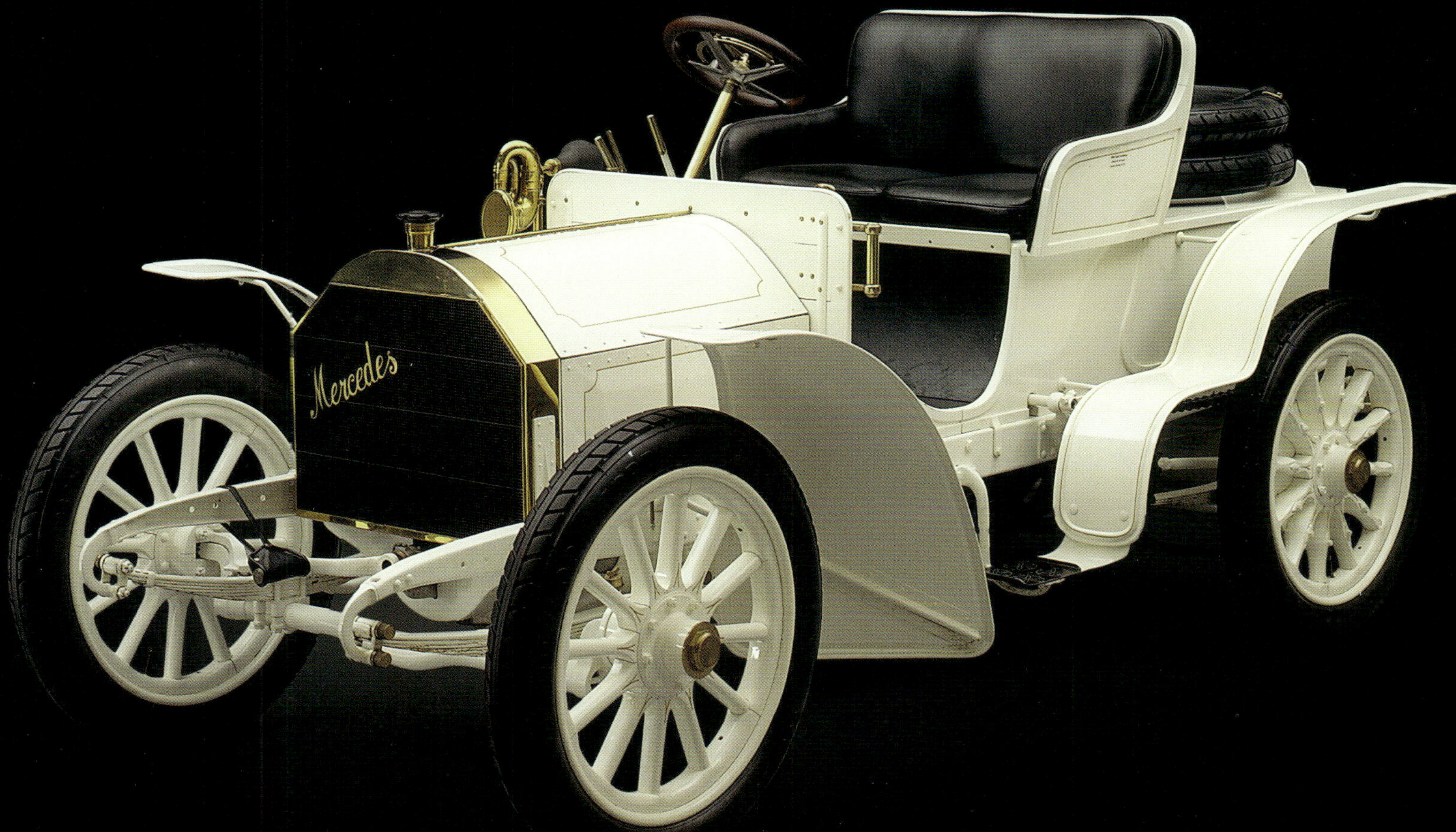

Markenzeichen

Der Mercedes-Simplex 40 PS erscheint 1902 als direkter Nachfolger des ersten Mercedes.
Der bündig in die Front integrierte Kühler wird zum charakteristischen Merkmal der Stuttgarter Automobilmarke.

Blitzschnell

Mit 202,7 km/h ist der Benz 200 PS („Blitzen Benz“) 1909 das schnellste benzinbetriebene Automobil der Welt.
Die Front mit dem aggressiv geformten „Vogelschnabel“ soll die Kraft symbolisieren, die der gewaltige Motor entfaltet: 200 PS aus 21,5 Liter Hubraum.

Motorraum und Karosserie als formale Einheit

Der „Blitzen Benz“ setzt einen neuen Trend für das Karosseriedesign

Markante Kühler und kraftvolle Proportionen

Ingenieurswissen und Design finden zusammen

1 Mercedes-Simplex 28/32 PS Tourenwagen, 1904 2 Benz 18/45 PS Runabout, 1914 3 Benz 25/55 PS Tourenwagen, 1914
4 Mercedes-Benz 24/100/140 PS Roadster, 1926

1 Mercedes-Benz 26/120/180 PS Typ S Tourenwagen, 1927 2 Mercedes-Benz 10/50 PS Roadster, 1928
3 Mercedes-Benz 8/38 PS Roadster, 1928

Kompakt und günstig

Der Typ 170 ist 1931 das richtige Auto in wirtschaftlich-schwierigen Zeiten. Mit dem bewährten „Two-Box"-Design wagt man keine Experimente.

Innenlenker zweitürig

Cabriolet A

Cabriolet B

Sportcoupé

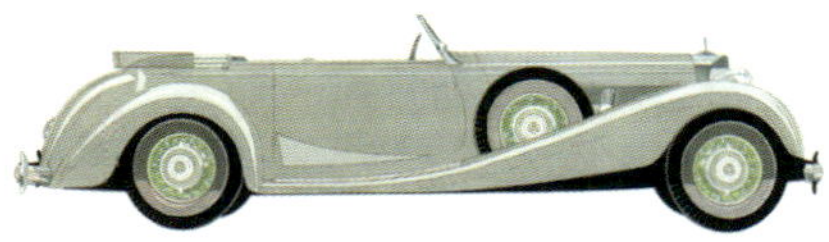

Offener Tourenwagen

Schönheit ab Werk

Der Typ 500 K und sein Nachfolger 540 K erfüllen die Wünsche anspruchsvoller Kunden nach Individualität und Eleganz. Die „Sindelfinger Karosserie" ist in zahlreichen Versionen lieferbar.

Mit der „Sindelfinger Karosserie" wird Design zum Qualitätsmerkmal

Schwere Zeiten liegen hinter Deutschland und Europa: Erster Weltkrieg, Inflation, Wirtschaftskrise. Die Industrieunternehmen kämpfen ums Überleben – auch in der Automobilbranche. Bei der noch jungen Daimler-Benz AG steht Anfang der 1930er-Jahre ein Viertel der Neuwagen auf Halde. Das Unternehmen war erst vier Jahre zuvor durch den Zusammenschluss von Benz & Cie. und der Daimler-Motoren-Gesellschaft entstanden, schmiedet aber trotz Krise große Zukunftspläne. Ende 1928 hatte man im Werk Sindelfingen die erste Tiefziehpresse für Stahlblech in Betrieb genommen und damit den Schritt von der bisher üblichen manuellen Einzelfertigung zur Serienproduktion vollzogen.

In der Mittelklasse geht 1931 der neue Typ 170 an den Start – ein kompakter Viertürer, der mit einem Preis von 4400 Reichsmark genau das richtige Modell ist, um in Krisenzeiten den Absatz wieder anzukurbeln. Technisch ist der 170er mit hydraulischer Bremse und Schwingachsen mit Einzelradaufhängung der Zeit voraus, doch das Karosseriedesign spiegelt diese fortschrittliche Ausstattung nicht wider. Der schlichte, kastenförmige Aufbau entspricht dem Konzept früherer Jahre und lässt noch nicht erahnen, dass die Stuttgarter Automarke in der Luxusklasse einen stilistischen Coup vorbereitet, der von einem neuen Selbstbewusstsein zeugt: Der Sportwagen 500 K „Autobahn-Kurierwagen", erstmals präsentiert auf der Berliner Automobil-Ausstellung im März 1934, beeindruckt durch üppige Formen, stilvolle Details und exklusive Ausstattung. Die lange, betont maskulin gestaltete Motorhaube, unter der ein Achtzylinder-Kompressortriebwerk arbeitet, bildet einen spannenden Kontrast zu den weichen, fließenden Linien der Kotflügel und dem kurzen Dach, das sich über die Passagiere wölbt und sanft nach unten abfällt. Kein Zweifel: Der 500 K zählt zu den schönsten Autos, die Mercedes-Benz jemals hergestellt hat. Dazu gehören aber auch die anderen Karosserievarianten dieses Typs: Innenlenker, Tourenwagen, verschiedene Coupés und Cabriolets sowie ein Roadster und – als luxuriöseste Version des Kompressor-Sportwagens – ein Spezial-Roadster.

Das vielseitige Angebot entspricht den Erwartungen verwöhnter Kunden. Denn in der damaligen Highsociety kauft man nicht von der Stange, sondern lässt sich das Auto nach eigenen Wünschen karossieren und ausstatten. Darauf hatten sich in Europa namhafte Karosseriebaufirmen spezialisiert, die nun jedoch Konkurrenz bekommen: 1932 gründet Mercedes-Benz im Werk Sindelfingen die Abteilung Sonderwagenbau, deren Leitung Hermann Ahrens übernimmt. Seinem ausgeprägten Gespür für Formen, Eleganz und Technik ist es zu verdanken, dass der Begriff „Sindelfinger Karosserie" zum Synonym für Automobile von herausragender Schönheit wird – und zu einem Markenzeichen des hauseigenen Designs. Mit kühn geschwungenen Kotflügeln, elegant gestreckten Linien und viel Liebe für Details lässt Ahrens die Herzen der Automobilfans höher schlagen. Eine eigene „Stilistik"-Abteilung wird bei Mercedes-Benz allerdings erst viele Jahre später geschaffen.

Mit seinen Ideen prägt Ahrens in den 1930er-Jahren auch das Design der Modelle anderer Fahrzeugklassen, vor allem der sportlichen Typen. Dazu gehören zum Beispiel die Cabriolet- und Coupé-Varianten des Mercedes-Benz 320, die 1937 Premiere feiern und mit ihren opulenten Kotflügeln und weichen Rundungen wie die „kleinen Brüder" der mächtigen Sportwagen des 500 K erscheinen. Ahrens gestaltet den Typ 320 zusammen mit seinem Mitarbeiter Ernst Häcker, der für den Serienwagenbau zuständig ist. Mit dem Namenszusatz „Stromlinien-Limousine" macht Mercedes-Benz deutlich, dass eine neue Disziplin die Karosserieentwicklung – und damit auch die Formgestaltung der Serienautos – erreicht hat: die Aerodynamik.

1930 bis 1950:

Die neue Einheit von Form und Funktion

Als Mercedes-Benz Mitte der 1930er-Jahre die Kompressor-Sportwagen des Typs 500 K vorstellt, hatte die stilprägende Bauhaus-Kunstschule unter der Leitung von Walter Gropius auf Druck der Nationalsozialisten bereits wieder schließen müssen. Sie entlässt viele talentierte Designer, die nun für Industrieunternehmen arbeiten. Einer von ihnen ist Wilhelm Wagenfeld. Er hatte schon 1931 Aufträge von den Jenaer Glaswerken erhalten und eine Serie von Glasprodukten geschaffen, die den Bauhaus-Stil präzise widerspiegeln. Das bedeutet: Schnörkelloses und dadurch zeitloses Design, das dem Gebrauchswert höchste Priorität einräumt. Dank dieser Merkmale ist das Teeservice aus Jenaer Glas noch heute gefragt. Zu den Wagenfeld-Klassikern gehört auch die Porzellanserie der Firma Fürstenberg. Das „Service 639" entsteht im Jahre 1934 und verdeutlicht das Kredo des Designers auf den ersten Blick: „Alles Brauchbare muss schön sein, anders erfüllen die Dinge nicht ihren Sinn."

Der Gebrauchswert steht auch bei der Entwicklung einer Armbanduhr im Vordergrund, die Anfang der 1930er-Jahre in den Werkstätten der Schweizer Firma LeCoultre entsteht: Die „Reverso" entspricht dem Wunsch vieler Kunden, die Glas und Zifferblatt besonders wirksam schützen wollen. Das bringt die Uhrmacher auf die Idee, das Herz ihres rechteckigen Meisterstücks so auf einer massiven Grundplatte zu befestigen, dass es sich um 180 Grad wenden lässt. Dadurch bietet die „Reverso" seit über 80 Jahren die drei typischen Attribute eines Design-Klassikers: Sie ist praktisch, technisch anspruchsvoll und zeitlos elegant.

Der Tischlermeister Michael Thonet aus Boppard am Rhein gilt als einer der ersten Industriedesigner. Schon 1859 hatte er den Prototypen eines Stuhls aus gebogenem Buchenholz entworfen, der mit einer Stückzahl von über 60 Millionen Exemplaren zu den erfolgreichsten Möbelstücken aller Zeiten zählt. In den 1930er-Jahren arbeitet man bei Thonet mit kalt verformtem Stahlrohr. Aus diesem Material entstehen weitere Möbelklassiker wie zum Beispiel der zeitlos schöne Sessel „S 411", der seit 1932 in verschiedenen Varianten Wohnzimmer, Büros oder Foyers ziert.

Für die Fahrerinnen der mondänen Mercedes-Luxuswagen, gestaltet die französische Modemarke Hermès in den 1930er-Jahren das passende Accessoires: Die Handtasche „Sac à dépeches pour dames", die durch ihren trapezförmigen Korpus hervorsticht. Sie avanciert zum Liebling der weiblichen Highsociety – und zur bekanntesten Handtasche der Welt. Seit 1956 trägt sie den Namen „Kelly-Bag", der auf eine ihrer berühmtesten Besitzerinnen zurückgeht: auf die US-Schauspielerin Grace Kelly.

1931
Teeservice „Edition Wilhelm Wagenfeld" aus Jenaer Glas und „Reverso"-Uhr von JaegerLeCoultre

1934
Fürstenbergs „Service 639" von Wilhelm Wagenfeld

1932
Stahlrohrsessel „S 411" von Thonet

1935
„Kelly-Bag" von Hermès

HA

Porträt: Hermann Ahrens

Harmonische Rundungen, fließende Linien und weit auslaufende Bögen begeistern auf Anhieb. Mit diesen markanten Elementen wirken die von Hermann Ahrens geschaffenen „Sindelfinger Karosserien“ aufregend, mondän und sinnlich. Erstmals löst Ahrens die Form von der reinen Funktion, gibt dem Gestalterischen eine eigenständige Bedeutung. Design wächst zu einer eigenen Disziplin und Ahrens darin zur bestimmenden Größe. Das Meisterstück unter seiner Regie ist der Mercedes-Benz 500 K von 1934.

Am 14. April 1904 im niedersächsischen Uslar geboren, bringt Ahrens alle fachlichen Voraussetzungen für die frühe Emanzipation des Stilistischen mit: Als technischer Zeichner und Ingenieur beginnt er seine Laufbahn bei Horch in Zwickau und übernimmt am 12. September 1932 die Konstruktionsabteilung für Sonderbauten bei Mercedes-Benz in Sindelfingen. Dort wird sein beruflicher Traum wahr, denn nun kann er seine kühnen Entwürfe selbst in Chrom und Blech verwirklichen. Ahrens erweist sich als kreatives Doppeltalent: Er ist ein Konstrukteur, der gestalten kann und zugleich ein Gestalter, der konstruieren kann. Seinen inzwischen gefestigten Spitznamen „Herr der Schwünge“ empfindet er keineswegs als Spott, sondern eher als Ehrentitel. Geschick beweist er auch bei der Auswahl seiner Mitarbeiter, denn für den Serienwagenbau holt er Walter Häcker von den Horch-Werken nach Sindelfingen, der in den folgenden Jahren wichtige Modelle wie die Typen 170 V, 230 und 320 gestaltet. Auch Friedrich Geiger, der Anfang der 1950er-Jahre erster „Stilistik“-Chef von Mercedes-Benz wird, arbeitet unter der Leitung von Ahrens im Sonderwagenbau.

Nach dem Zweiten Weltkrieg kehrt Hermann Ahrens zu Daimler-Benz zurück, wird zunächst Konstruktionsleiter für Omnibus- und Lastwagenaufbauten und später Leiter der Entwurfs- und Konstruktionsabteilung für Pkw, Lkw- und Busaufbauten. In dieser Zeit setzt er zusammen mit Ernst Häcker erneut Akzente: Der Typ 300 („Adenauer“), die erste Neuentwicklung von Mercedes-Benz der Nachkriegszeit, löst 1951 Beifall aus und bringt den Stuttgarter Autohersteller wieder zurück an die Spitze der Luxuswagen-Produzenten. Erfolgsgarant sind dabei auch die stattlichen Karosserien mit ihren Schwüngen und Bögen, die im 300er über die üppig geformten Kotflügel nach hinten auslaufen und so an die verschwenderische Eleganz der späten 1930er-Jahre erinnern.

Später beweist Hermann Ahrens sein Talent auch an strengen und formal reduzierten Alltags-Klassikern wie der Cabriolet- und Coupé-Variante des Mercedes-Benz 220 S von 1956. Wegen der Ponton-Bauweise – die Kotflügel sind nicht mehr getrennt außen angesetzt, sondern in die Karosserie integriert – muss Ahrens auf seine gewohnt üppig gerundete Karosserie-Architektur verzichten. Sein Markenzeichen hinterlässt er dennoch: Eine feine geschwungene Chromleiste an der Seitenpartie schafft die Illusion alter Formensprache. Hermann Ahrens geht im Dezember 1970 in den Ruhestand und stirbt am 9. November 1995.

„Herr der Schwünge“

Hermann Ahrens kommt 1932 zu Daimler-Benz und prägt bis in die 1950er-Jahre das Erscheinungsbild vieler Modelle der Marke Mercedes-Benz.

Nomen est Omen

Der „Autobahn-Kurierwagen“ ist das Auto für weite Strecken und hohes Tempo. Auch formal beschleunigt er in eine neue Ära des Designs

Schön und schnell

Der Typ 540 K gehört in den 1930er-Jahren zu den Lieblingsautos der Reichen und der Schönen.
In der Version als „Autobahn-Kurierwagen“ erscheint er mit zweigeteilter Frontscheibe und tropfenförmig modellierten Kotflügeln.

Solitär auf Rädern

Die Berliner Karosseriefirma Erdmann & Rossi verwandelt den 500 K
in ein opulentes Kunststück auf Rädern

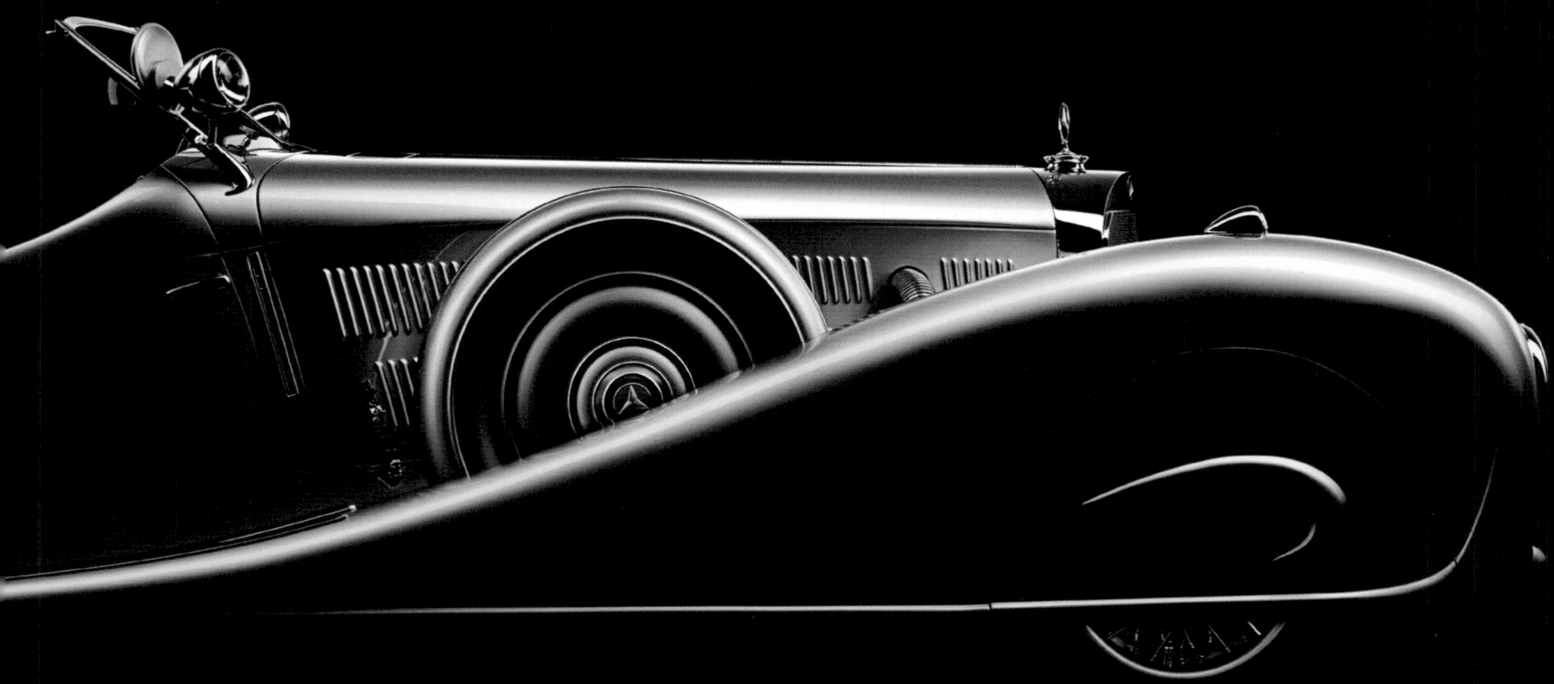

Königlicher Auftrag

Erdmann & Rossi ist in den 1930er-Jahren eine der ersten Adressen wenn es um exklusive Automobile geht.
Dieser „Stromlinien-Roadster“ mit 500 K-Fahrgestell entsteht 1936 als Einzelstück im Auftrag des irakischen Königs.

DESIGN-CHRONIK: 1930 BIS 1950

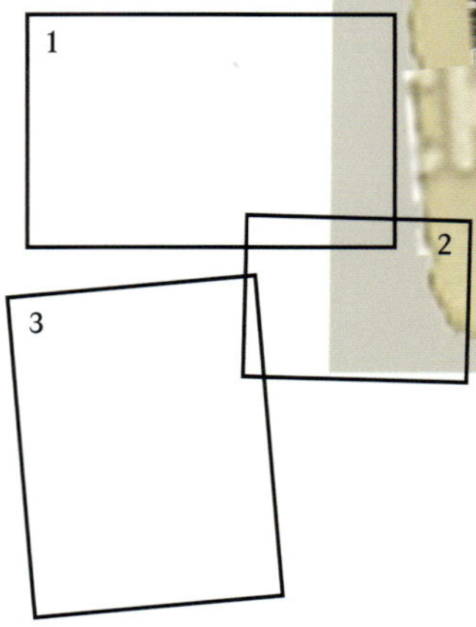

1 Mercedes-Benz 380 Limousine, 1933 2 Mercedes-Benz 15/75 PS Mannheim 370 S, 1931
3 Mercedes-Benz 500 K Spezial-Roadster, 1936

Dynamische Linien, sinnliche Formen, stilvolle Eleganz

In den 1930er-Jahren wird das Design zum Spiegelbild der Markenwerte

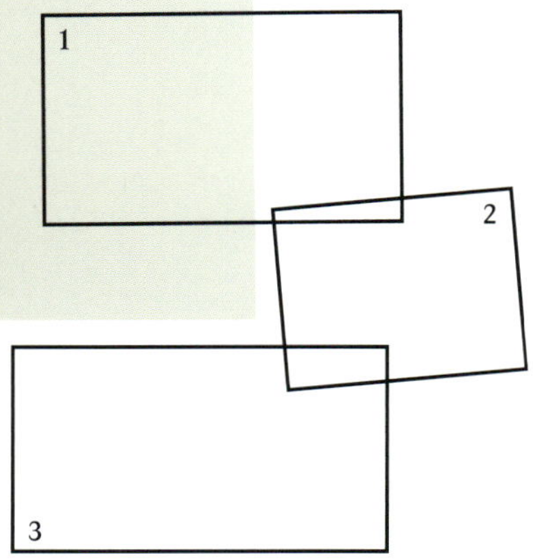

1 Mercedes-Benz 150 Sportroadster, 1935   2 Mercedes-Benz 170 V Limousine, 1936
3 Mercedes-Benz 320 Stromlinien-Limousine, 1938

Von einem anderen Stern

Im grauen Alltag der 1950er-Jahre erscheint der 300 SL vielen Menschen als Fanal des Neubeginns.

1953 skizziert Friedrich Geiger die Serienversion des 300 SL.

1954 entstehen die ersten Designentwürfe für den 300 SL Roadster.

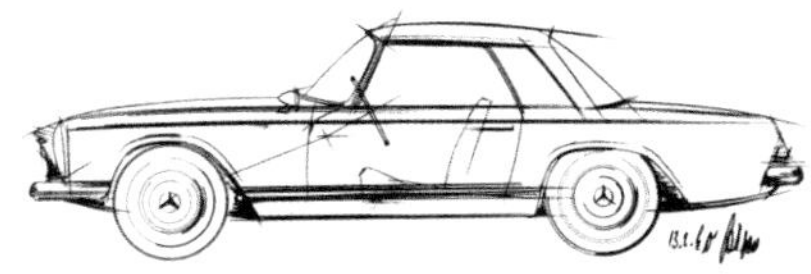

1960 zeigen Designskizzen, wie der SL-Nachfolger aussehen könnte.

1964 entsteht die Idee für das „Strich 8“-Coupé.

Der Zeit voraus

Die Skizzen aus der Feder von Friedrich Geiger zeugen von der Kreativität und dem Weitblick des Mercedes-Stilisten.

Neue Formen für eine neue Zeit

Hoffnung – das ist es, was die Menschen in den ersten Jahren der Nachkriegszeit motiviert: Die Hoffnung auf Frieden und ein besseres Leben. Dafür lohnt es sich anzupacken. Bei Daimler-Benz in Stuttgart melden sich über 1200 Mitarbeiter zurück und wollen die zerstörte Autofabrik wieder aufbauen. Mit Erfolg: Schon Mitte 1947 steht der erste Nachkriegs-Personenwagen auf den Rädern; es ist keine Neuentwicklung, sondern der Typ 170 V aus der Zeit von 1936 bis 1942. Doch die Ingenieure blicken bereits weit in die Zukunft. Eine völlig neue Modellreihe entsteht – und mit ihr ein ebenso neuartiges Karosseriedesign. Man spricht von der „Ponton-Form“; sie stammt ursprünglich aus den USA und gliedert den Wagen in drei Bereiche: Motorraum, Fahrgastzelle und Gepäckabteil. „Ein allzu konservatives Beharren auf einmal gefundenen Lösungen ... könnte über kurz oder lang die Unverkäuflichkeit der Produkte nach sich ziehen“, begründet Vorstandschef Fritz Könecke den stilistisch-konzeptionellen Neuanfang und betont, dass auch der Automobilbau „von dem sich ständig wandelnden Zeitgeschmack abhängt“. Im September 1953 ist es soweit: Der neue Typ 180 ist der erste Mercedes-Benz mit selbsttragender Karosserie und moderner „Three-Box“-Bauweise. Damit sind die Zeiten klassischer Karosseriegestaltung mit schwungvollen Kotflügeln, Trittbrettern und kurzem Stummelheck passé – zumindest in der Großserie, denn in der Luxusklasse bleibt Mercedes-Benz mit dem Typ 300 („Adenauer-Mercedes“) dem alten Stil noch bis in die 1960er-Jahre treu.

Einen wichtigen Schritt in Richtung Zukunft vollzieht das Unternehmen auch, als es in den 1950er-Jahren die Abteilung „Stilistik“ gründet und damit der automobilen Formgestaltung noch mehr Bedeutung einräumt als bisher. Ihr späterer Chef Friedrich Geiger entwirft einen Sportwagen, der zur Ikone wird: den 300 SL. Leicht hat es der Ingenieur dabei nicht, denn der neue Gran Turismo soll die Technik des erfolgreichen Rennsportwagens von 1952 übernehmen. Das schränkt den Freiraum des Stilisten deutlich ein, doch Geiger macht aus der Not eine Tugend und entwickelt auf Basis der technischen Rahmenbedingungen ein stilistisches Konzept, dessen Grundmerkmale noch heute aktuell sind. Er vollendet die Form der aufgrund des leichten Gitterrohrrahmens notwendigen Flügeltüren und gestaltet eine Motorhaube mit markanten Wölbungen, die mehr Platz für den Einbau des Sechszylindermotors mit Benzindirekteinspritzung bieten. Heute nennt man diese Stilelemente „Powerdomes“. Auch die Lüftungsöffnungen in den vorderen Kotflügeln und die Kühlermaske mit dem großen, mittig angeordneten Mercedes-Stern sind Stilmerkmale des 300 SL, die noch heute viele Modelle von Mercedes-Benz kennzeichnen.

„In Form und Technik neu“ – den Werbeslogan für die neue Oberklasse-Limousine können Mercedes-Kunden Ende der 1950er-Jahre wörtlich nehmen. Die Zeit der rundlichen Karosseriekörper geht zu Ende – „italienisches Design“ setzt sich durch: strenge geometrische Formen, zierliche Linien, kantige Silhouetten. Der Begriff „Trapez-Linie“ macht die Runde und inspiriert auch die Mercedes-Stilisten bei der Gestaltung des neuen Modells. Hinzu kommen aber auch amerikanische Einflüsse wie die flügelähnlichen Heckkotflügel, die man bei Mercedes-Benz in moderater Ausführung übernimmt. Die traditionsreiche Marke will jedoch nicht in den Verdacht geraten, modischen Trends nachzueifern und findet schließlich eine überraschende Begründung für die spitzen Enden im Heck: „Die Peilstege der beiden Heckkotflügel sollen Ihnen helfen, die Richtung zu peilen, wenn sie den Wagen zurücksetzen“, heißt es offiziell im Prospekt des Modells 220, das allerdings – ebenso wie die Schwestermodelle 220 S und 220 SE sowie die 1961 präsentierten, äußerlich fast gleichen Mittelklassetypen 190/190 D – bald nur noch „Heckflosse“ genannt wird. Dass es auch ohne solche modischen und damit kurzlebigen Stilelemente geht, beweist die Marke schon kurze Zeit später mit den begehrten Coupé- und Cabrioletversionen der „Heckflosse“ und mit dem berühmten „Sechshunderter“ aus dem Jahre 1963.

Inzwischen ist Friedrich Geigers „Stilistik“ ein unabhängiger Bereich, der junge Designer aus dem In- und Ausland anlockt. So kommen auch der Italiener Bruno Sacco und der Franzose Paul Bracq nach Sindelfingen und bereichern die Modellgestaltung mit neuen Ideen. Die Oberklasse-Limousinen des Jahres 1965 und der Nachfolger der „kleinen Heckflosse“, der 1968 als „Neue Generation“ (im Volksmund „Strich-Acht“) Premiere feiert, tragen ihre Handschrift. Es sind elegante Limousinen, die auf modischen Zierrat verzichten und statt dessen durch zeitlos schöne, klare Linienführung gefallen. So erscheint das Design Ende der 1960er-Jahre wie ein Ruhepol in hektischer Zeit.

1950 bis 1970:

Ikonen für Haushalt und Büro

Als Mercedes-Benz im Jahre 1953 mit der „Ponton"-Karosserie den Schritt in die Moderne vollzieht, erlebt das Produktdesign in Deutschland einen zweiten Neubeginn: 20 Jahre nach der Schließung der Bauhaus-Kunstschule wird in Ulm die Hochschule für Gestaltung eröffnet, die sich wie einst das Bauhaus zum Treffpunkt einer jungen Avantgarde von Künstlern und Architekten entwickelt. Aber auch die Altmeister des Bauhausstils sind nach wie vor aktiv und stilbildend: Wilhelm Wagenfeld entwirft 1954 für die Firma WMF das legendäre Salz- und Pfefferstreuerset „Zwillinge" und beweist damit, dass auch einfache Alltagsgegenstände durch gute Formgestaltung zu Klassikern werden können. Ein Meister der Alltagskultur ist auch Peter Raacke, der zwischen 1963 und 1966 an der Ulmer Hochschule für Gestaltung lehrt. Schon 1958 entwickelt er für die Firma Mono das elegante und zeitlos schöne Besteck „mono-a" und setzt damit auf diesem Gebiet einen Standard für anspruchsvolle Produktgestaltung. Im Möbeldesign wecken der Däne Arne Jacobsen und die Amerikaner Charles und Ray Eames Ende der 1950er-Jahre Aufmerksamkeit: Jacobsen lässt sich vom Formenschatz der Natur inspirieren und gestaltet den auffälligen Sessel „The Egg" (Hersteller Fritz Hansen), während das Designer-Ehepaar Eames einen betont nüchtern-dezenten Stil favorisiert. Ihr „Aluminium Chair" aus dem Programm der Firma Vitra ziert noch heute Büros und Konferenzzimmer in allen Teilen der Erde. Das Gleiche gilt für das Möbelbausystem USM, das Fritz Haller und Paul Schärer 1963 entwickeln. Es kombiniert Form mit Funktion, Vielseitigkeit mit Solidität und bietet damit alle Eigenschaften eines Möbelklassikers.

In den 1960er-Jahren revolutionieren die modernen Kunststoffe Entwicklung und Gestaltung vieler Alltagsgegenstände. Auch Walter Zeischegg, Professor an der Hochschule für Gestaltung in Ulm, nutzt die vielseitigen Möglichkeiten dieses Materials und formt für die Firma Helit viel beachtete Büroartikel wie den wellenförmigen Aschenbecher „Sinus". Kunststoff verwendet 1968 auch der Architekt und Designer Ettore Sottsass für eine Reiseschreibmaschine, die zu den bekanntesten Designklassikern jener Jahre zählt: „Valentine" von Olivetti. Das leuchtend rote Gerät im Pop-Art-Stil spiegelt Sottsass' Denkweise wider: Produkte zu schaffen, die vor allem emotional begeistern.

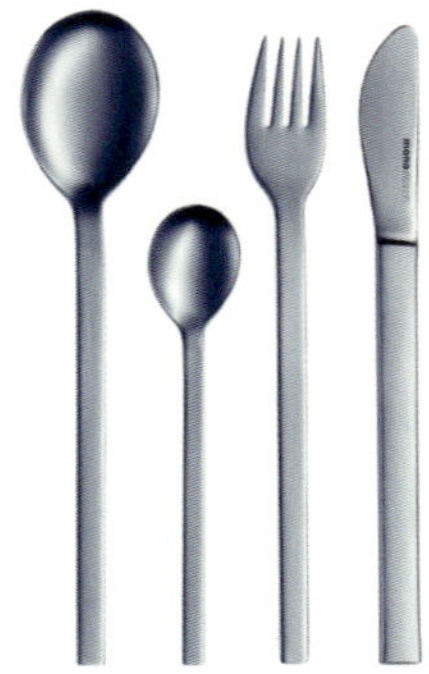

1958

Besteck „mono-a" von Peter Raacke, Sessel „The Egg" von Arne Jacobsen und „Aluminium Chair" von Charles und Ray Eames

1963

Möbelbausystem USM von Fritz Haller und Paul Schärer

1966

„Sinus"-Aschenbecher von Walter Zeischegg

1954

Salz- und Pfefferstreuer „Zwillinge" von Wilhelm Wagenfeld

1968

Schreibmaschine „Valentine" von Ettore Sottsass

FG

Porträt: Friedrich Geiger

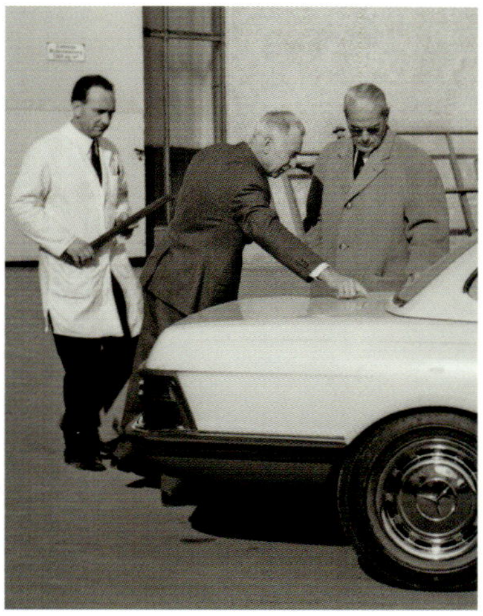

Sein Name ist untrennbar mit einer der faszinierendsten Ikonen der Automobilgeschichte verbunden, dem Mercedes-Benz 300 SL „Flügeltürer“. Doch Friedrich Geigers Lebenswerk ist weitaus größer: Er hat das Erscheinungsbild einer ganzen Epoche von Modellen geprägt und gilt überdies als buchstäblich stilbildende Persönlichkeit des deutschen Automobildesigns.

Geiger, 1907 im schwäbischen Süßen geboren, tritt nach einer soliden Handwerksausbildung und Ingenieurstudium 1933 als Konstrukteur in die von Hermann Ahrens geleiteten Abteilung Sonderwagenbau bei der Daimler-Benz AG ein. Er ist Schwabe mit preußischen Tugenden. Eine davon ist Selbstdisziplin: Bevor er stets pünktlich um sieben Uhr morgens am Schreibtisch sitzt, hatte er bereits eine Stunde lang im Cannstatter Schwimmbad seine Bahnen gezogen. Der Schöpfer des Stammvaters aller SL-Modelle treibt ab Anfang der 1950er-Jahre unter der Regie seines Chefs Karl Wilfert eine organisatorische Neuordnung und Aufwertung des Gestalterischen voran. Nachdem Wilfert die Karosserieentwicklung durch eine „Stilistik“ erweitert hatte, wird Friedrich Geiger Mitte der 1950er-Jahre zum Leiter dieser neuen Abteilung ernannt. Es ist anfangs nur ein kleiner Arbeitsbereich, der organisatorisch zum Pkw-Versuch gehört. Seine Aufgabe lautet, die Entwurfsprozesse neuer Modelle zu überwachen und Leitlinien für die Formgebung zu entwickeln. Diesen Auftrag erfüllt Geiger mit Können und Kreativität, ohne sich selbst in den Vordergrund zu drängen. Geiger entwickelt eine schnörkellose, elegante Linienführung mit ausgewogenen Proportionen und markanten Details, von denen viele noch heute zum „stilistischen Genpool“ der Marke Mercedes-Benz gehören.

Nach dem Jahrhundert-Sportwagen 300 SL entwirft Friedrich Geiger auch dessen Roadsterversion und die nachfolgende SL-Modellreihe, die ab 1963 aufgrund ihres eigenwillig geformten Hardtops als „Pagode“ berühmt wird. Auch der große Typ 600 mit seiner zurückhaltenden Formensprache zählt zu den Meisterstücken, die unter Geigers Regie entstehen. Als ebenso wegweisend für Formgestaltung und Technologie künftiger Modelle gilt der Experimental-Sportwagen C 111, an dessen Gestaltung auch Geigers spätere Nachfolger Bruno Sacco und Peter Pfeiffer beteiligt sind.

„Er schuf zeitlose Formen“, würdigt Sacco das Lebenswerk seines früheren Chefs und Mentors. Anfang 1969 wird Friedrich Geiger zum Hauptabteilungsleiter in der Direktion Stilistik ernannt. Am 31. Dezember 1973 geht er in den Ruhestand und findet mehr Zeit für sein Hobby: die Aquarellmalerei. Geiger stirbt im Juni 1996 im süddeutschen Bad Überkingen.

Friedrich Geiger (Foto oben, Mitte) und Karl Wilfert (rechts) bauen in den 1950er- und 1960er Jahren den Bereich „Stilistik“ auf. Den Modellbau leitet Hans Jooß (links). In den Studios arbeiten in jener Zeit die Designer an überdimensionalen Zeichentischen (Foto unten).

Form vollendet

Aus dem ersten Nachkriegs-Rennwagen von Mercedes-Benz
entsteht 1954 ein automobiles Kunstwerk mit Stilelementen, die noch heute
zum Formenschatz der Automobilmarke gehören

Synthese von Technik und Ästhetik

Der 300 SL von 1954 ist die erste Meisterleistung der damals neu geschaffenen „Stilistik"-Abteilung von Mercedes-Benz. Die Basis bildet der Rennsportwagen (links), der 1952 von Sieg zu Sieg fährt.

Zeitlose Eleganz statt kurzlebiger Effekte

Die Coupé-Version des „Heckflossen-Mercedes“ erscheint 1961 und gilt als Vorbild einer neuen Designphilosophie, die auf stilistische Langzeitwirkung setzt.

— „Das 220 SE Coupé ist nicht nur eines der schönsten Mercedes-Modelle, die jemals entworfen wurden, sondern vielleicht eines der schönsten Fahrzeuge aller Zeiten“

Bruno Sacco,
Chefdesigner von Mercedes-Benz in den Jahren 1975 bis 1999

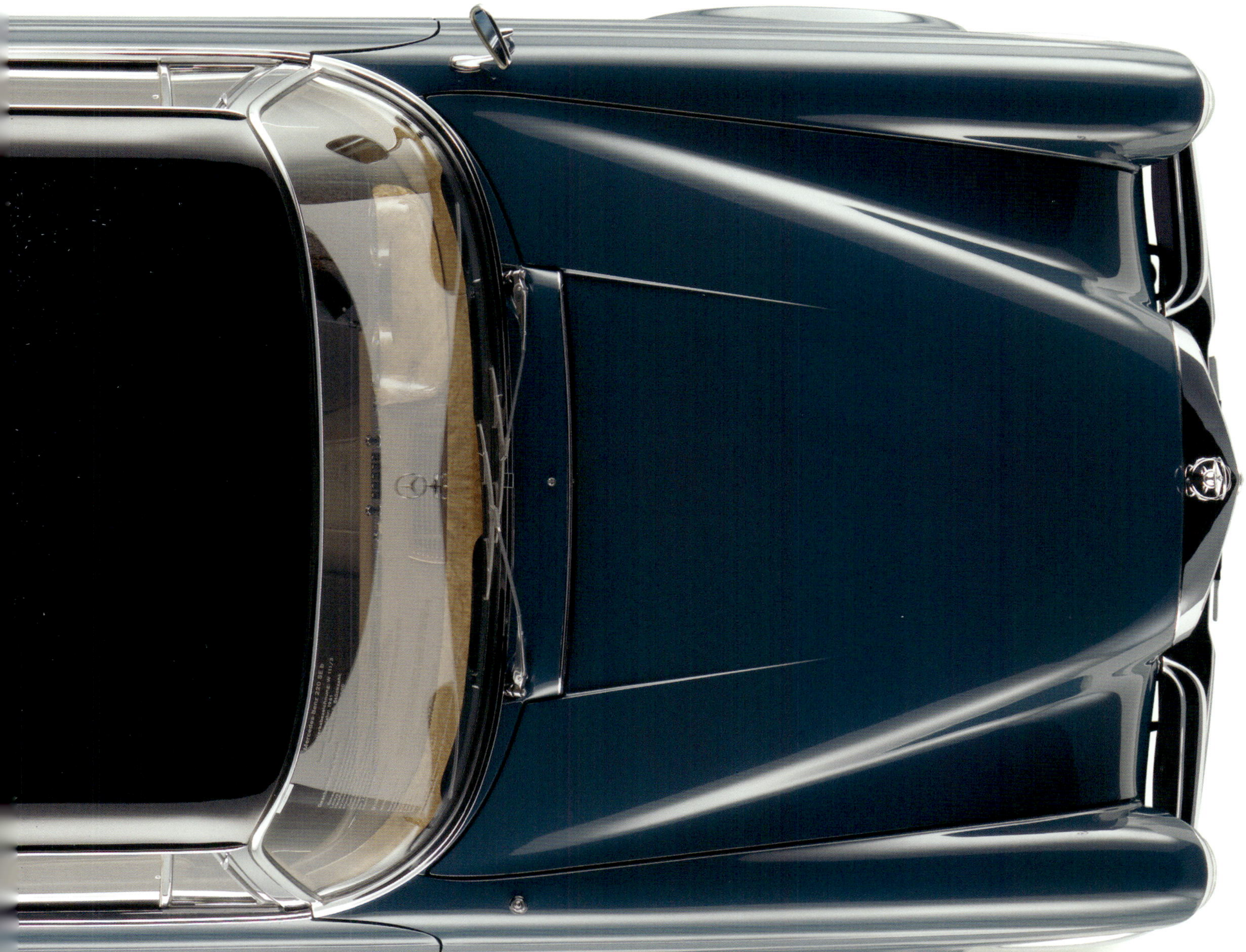

Vom „Adenauer“ zum „Strich-Acht“

Das Design der Marke Mercedes-Benz auf dem Weg in die Moderne

1 Mercedes-Benz 300 Sc, 1955
2 Mercedes-Benz 220 S „Ponton“, 1956
3 Mercedes-Benz 300 d, 1957

1 Mercedes-Benz 230 SL „Pagode“, 1963 2 Mercedes-Benz 280 SE Cabriolet, 1968
3 Mercedes-Benz 600, 1963 4 Mercedes-Benz 200 („Strich-Acht“), 1968

Zeichen der Zeit

Die neue Mittelklasse-Modellreihe erscheint ab 1975 mit querliegenden Doppel- und Breitbandscheinwerfern.

1995 E-Klasse

1997 CLK-Klasse

1999 CL-Klasse

2000 C-Klasse Sportcoupé

Variationen eines Themas

Das „Vier-Augen-Gesicht" entwickelt sich ab 1995 zu einem neuen stilistischen Markenzeichen.

Die erste umfassende Designstrategie prägt eine neue Marken- und Modell-Identität

Die Straßen sind leer – kein Auto weit und breit. 25. November 1973: Deutschland steht still. Weil die arabischen Staaten ihre Erdöllieferungen drosseln, muss Energie eingespart werden. Deshalb beschließt die Bundesregierung drei autofreie Sonntage. Der Schock sitzt tief.

In dieser hektischen Zeit übernimmt der Italiener Bruno Sacco im Entwicklungszentrum von Mercedes-Benz die Leitung der Hauptabteilung Stilistik und entwickelt in den folgenden Jahren die erste umfassende Designphilosophie der Automarke. Damit prägt er ein einheitliches Erscheinungsbild und definiert den wichtigsten Grundsatz für die Gestaltung neuer Modellreihen: „Ein Mercedes-Benz sollte immer wie ein Mercedes-Benz aussehen." Sacco spricht von der „horizontalen Homogenität": Das Design jedes Modells soll markentypische Designmerkmale aufweisen, die es als unverwechselbares Mitglied der Markenfamilie kennzeichnen. Dahinter steht ein klares Bekenntnis zur großen Firmengeschichte. Denn nach Saccos Vorstellung gründet die Identität der Modelle auf traditionellen Stilelementen, die sorgfältig gepflegt und von Modellgeneration zu Modellgeneration behutsam weiterentwickelt werden sollen. So spiegelt sich die Idee der „horizontalen Homogenität" vor allem im Design der Kühlermasken, der Scheinwerfer und der Rückleuchten wider.

Der zweite Grundsatz der Designphilosophie lautet „vertikale Affinität". Damit will Bruno Sacco die Identität innerhalb der Modellreihen wahren: „Vertikale Affinität sorgt dafür, dass der Vorgänger bei der Präsentation des neuen Modells nicht veraltet wirkt und dass sein positives Image erhalten bleibt." Als Mercedes-Benz im September 1979 die neue S-Klasse vorstellt, wird die Familienzugehörigkeit der Modelle im Sinne des Sacco-Konzepts deutlich. Neben der markanten Lamellenkühlermaske im modernen Querformat übernehmen die Oberklasselimousinen auch die Breitbandscheinwerfer, die bereits bei ihrer Vorgängerbaureihe 116 und den Sechszylindermodellen der Modellreihe 123 eingesetzt worden waren. Das Mercedes-Design bleibt dieser Linie auch bei einer neuen Modellreihe treu, die vor allem jüngere Menschen für die Marke mit dem Stern begeistern soll: Projektcode W 201 – die Presse spricht vom „Baby-Benz". Es ist die bis dahin aufwendigste und intensivste Entwicklungsarbeit der Stuttgarter Automarke. Sie beginnt 1977 in den Designstudios.

„Der Mercedes-Benz 190 ist ein Auto, das formal provozieren sollte. Wir wollen neue Kunden erobern und müssen deshalb Aufmerksamkeit wecken – zum Beispiel durch sehr markante Konturen", begründet Bruno Sacco eine neue Formensprache und spricht vom „Diamantschliff", weil die trapezförmigen Karosserieflächen an die Formen eines geschliffenen Edelsteins erinnern. An den C-Säulen und dem Kofferraumdeckel wird dieses Gestaltungsthema deutlich und sorgt in Verbindung mit dem für damalige Verhältnisse ungewöhnlich hohen, aber aerodynamisch günstigen Heck für Gesprächsstoff. Trotzdem: Der „Diamantschliff" wird zum festen Bestandteil der Mercedes-Formensprache. Auch die Mittelklassemodelle von 1984 (W 124), der SL-Roadster von 1989 (R 129) und die S-Klasse des Jahres 1991 (W 140) folgen diesem Stil und entsprechen ebenso bei der Frontgestaltung strikt dem Prinzip der „horizontalen Homogenität".

Dann ist es Zeit für einen Kurswechsel. Produktoffensive: Mercedes-Benz setzt auf Expansion und erschließt mit CLK, SLK, M- und A-Klasse neue Marktsegmente. Die Designer erkennen, dass die bisherige Strategie an ihre Grenzen stößt, denn die neuen Modelle erfordern eigenständige Gestaltungsideen, die ihre individuellen Charaktere betonen sollen. Sacco lockert die bis dahin streng ausgelegte Designdisziplin und überrascht mit einem völlig neuen Mercedes-Gesicht: Statt herkömmlicher Rechteck-Scheinwerfer bestimmen 1995 vier oval geformte Scheinwerfer den Auftritt der E-Klasse (W 210). Diese vier „Augen" werden nicht nur zum Sinnbild der Produktoffensive, sie markieren auch den Beginn einer neuen Ära gestalterischer Freiheit im Mercedes-Design. Hatten Skeptiker anfangs befürchtet, das neue Scheinwerferdesign sei nur ein kurzlebiger Gag, so beweist Saccos Team in den folgenden Jahren das große Potenzial dieser Idee. Sie entwickelt sich zu einem soliden stilistischen Fundament für die Gestaltung der gesamten Frontpartie. Motorhaube und Kotflügel greifen die markanten Rundungen der Scheinwerfer auf und setzen sie als kraftbetonende Wölbungen in den Karosseriekörper fort. Formale Langeweile gibt es dabei nicht: Interessante Neuinterpretationen halten das „Vier-Augen-Design" als stilistisches Markenzeichen über einen großen Zeitraum lebendig und machen die verschiedenen Modelle zu eigenständigen, unverwechselbaren Persönlichkeiten der Mercedes-Familie.

1970 bis 2000:

Formen und Farben in neuer Vielfalt

Ein großer Schritt für die Menschheit. Die erste bemannte Mondlandung im Juli 1969 gibt für zahlreiche Lebensbereiche neue Impulse: Das „Space Age" beginnt. Selbst Künstler, Designer und Architekten lassen sich von den Erfolgen der Raumfahrt inspirieren und entdecken neue Formen und Farben, die dem eher nüchternen Funktionalismus der vorangegangenen Jahrzehnte eine Absage erteilen. Vieles wird bunter, runder und weicher. „Soft-Edge-Design" lautet der Fachbegriff für die organischen Formen, die das Möbel- und Produktdesign bestimmen. Es gibt allerdings auch Ausnahmen: Produkte wie die Schreibtischlampe „Tizio", die durch zurückhaltendes Design und perfekte Funktion auffallen und deshalb – im Gegensatz zu zahlreichen anderen Entwürfen der 1970er-Jahre – auch heute noch begehrt und aktuell sind. Richard Sapper entwirft den Lampenklassiker für die italienische Firma Artemide und vereint geringen Platzbedarf mit großem Aktionsradius und guter Variabilität. So wird „Tizio" zum Vorbild für moderne Tischlampen.

Die Stelton-Kanne „EM 77" erscheint 1977 in vielen bunten Farben und ist damit auf den ersten Blick ein typisches Kunststoffprodukt jener schrillen Jahre. Dass der Entwurf von Erik Magnussen trotzdem bis heute überlebt hat, liegt an dem strengen zylindrischen und damit zeitlosen Design und an dem praktischen Kippverschluss, der die Kanne nach Gebrauch selbsttätig wieder verschließt – eine durchdachte Harmonie von Form und Funktion. Die Farben seines Erfolgsprodukts hat der dänische Hersteller übrigens stets dem jeweiligen Zeitgeist angepasst.

Einen Bestseller lanciert 1983 auch der Schweizer Industrielle Nicolas Hayek. Anfangs ist die Plastikuhr „Swatch" ein Experiment, doch binnen kurzer Zeit bringt Hayek damit nicht nur die kriselnde Uhrenindustrie seines Landes wieder auf Schwung, sondern beweist zugleich, dass auch aus in unteren Preisregionen Kultobjekte entstehen können, wenn Technik und Design überzeugen. Ein Musterbeispiel für die Experimentierfreude in den 1980er-Jahren ist auch Peter Malys Sessel „Zyklus". Der Hamburger erkennt den Wunsch vieler Menschen nach neuen, ungewöhnlichen Designs und entwirft für die Firma COR ein interessantes Möbelstück, dessen Elemente auf der einfachen Form des Kreises basieren. Es wird zum Klassiker.

In der Unterhaltungsindustrie setzt die dänische Edelmarke Bang & Olufsen in den 1990er-Jahren die Trends. Mit überraschend neuen Formen befreit Designer David Lewis die Stereo- und TV-Geräte von ihrem bis dato üblichen Kastendesign.

1977
Isolierkanne „Stelton EM 77" von Erik Magnussen

1983
Armbanduhr „Swatch"

1984
COR-Sessel „Zyklus" von Peter Maly

1998
Artemide-Tischleuchte „Tizio" von Richard Sapper

1996
B&O-Lautsprecher „Beolab 6000" von David Lewis

BS

Porträt: Bruno Sacco

Formgestaltung dürfe nicht nur für ein einziges Fahrzeug gelten, sondern müsse vielmehr ganze Modellfamilien abdecken. Mit diesem Anspruch löst Bruno Sacco das Design vom künstlerischen Unikat und erhebt es zu einer übergreifenden Strategie. Deren oberstes Ziel: In allen Kulturkreisen der Welt soll ein Mercedes-Benz – gleich aus welcher Modellreihe – immer sofort als Mercedes-Benz erkannt werden. Und zwar intuitiv.

Sacco, am 12. November 1933 im norditalienischen Udine geboren, besucht die Polytechnische Hochschule in Turin und arbeitet bereits während seiner Studienzeit für die Karosseriebauer Ghia und Pininfarina. 1958 tritt er als Stilist und Konstrukteur bei Daimler-Benz ein und arbeitet gemeinsam mit Friedrich Geiger an der Gestaltung der im Jahre 1963 präsentierten Modelle 230 SL und 600. Nach einem Intermezzo in der Pkw-Sicherheitsentwicklung bei Béla Barényi engagiert er sich ab 1968 bei der Gestaltung des vielbeachteten Experimentalfahrzeugs C 111 (Designskizze rechts). „Wir hatten völlige Handlungsfreiheit und konnten uns von konventionellen Formen lösen. Das machte sich in der Originalität der Linienführung und in der Vielfalt von Details bemerkbar“, erinnert sich Sacco an die Sportwagenstudie, dessen Design-Elemente den Weg in die Modelle der späten 1970er- und frühen 1980er-Jahre finden. Mit dem Titel „Oberingenieur“ tritt der Italiener 1975 die Nachfolge Friedrich Geigers als Leiter der Hauptabteilung Stilistik an und prägt 24 Jahre lang das Erscheinungsbild aller Personenwagen von Mercedes-Benz.

1987 wird Bruno Sacco zum Direktor des neu gegründeten Designbereichs ernannt. Unter seiner Ägide entsteht Anfang der 1990er-Jahre ein neues Mercedes-„Gesicht“: Das Vier-Augen-Design wird zum Symbol für die Neuausrichtung von Mercedes-Benz und zeigt die große Bedeutung des Designs für die Marken-Identität. Die wichtigsten Etappen dieser formalen Evolution sind zum Beispiel die Modelle CLK und SLK sowie A-Klasse und M-Klasse.

Stets warnt Sacco vor der Versuchung, „Mode-Autos“ mit kurzlebigen Stilelementen zu bauen. Statt dessen plädiert er für Weitblick. Das Design der Marke Mercedes-Benz dürfe keiner Mode „hinterherlaufen“, sondern müsse selbst langfristige Trends setzen. Dabei sieht er sich nicht nur als Gestalter, sondern auch als Mit-Konstrukteur: „Es gibt kein Primat der Technik gegenüber dem Design und umgekehrt.“ Später fügt er betont selbstbewusst hinzu: „Innovative Technik wird man erst erkennen können, wenn sie mit einer entsprechend innovativen Gestaltung verbunden ist.“ Im März 1999 geht Bruno Sacco nach 41 Dienstjahren bei Mercedes-Benz in den Ruhestand. Sein gestalterisches Lebenswerk wird durch zahlreiche persönliche Auszeichnungen und die Ehrendoktorwürde der Universität Udine gewürdigt. Er ist sowohl Mitglied der „Automotive Hall Of Fame“ als auch der „European Automotive Hall of Fame“ und zählt damit zu den wenigen Persönlichkeiten, denen diese doppelte Ehrung zuteil wurde.

Blick voraus

Mit einer Coupé-Studie positioniert Bruno Sacco 1993 das neue „Gesicht“, das zwei Jahre später bei der E-Klasse in Serie geht.

S LP 7449
S LP 6454
S LT 4868

„Horizontale Homogenität“

So lautet eine der Grundregeln der ersten Designstrategie von Mercedes-Benz. Alle Modelle zeigen die gleichen typischen Stilmerkmale und betonen so ihre Familienzugehörigkeit. Zu diesem einheitlichen Erscheinungsbild gehören auch die markant-eckigen Formen des „Diamantschliff“-Designs

Aus gutem Haus

Anfang der 1990er-Jahre präsentieren sich C-, E- und S-Klasse unverkennbar als Mitglieder einer Markenfamilie.

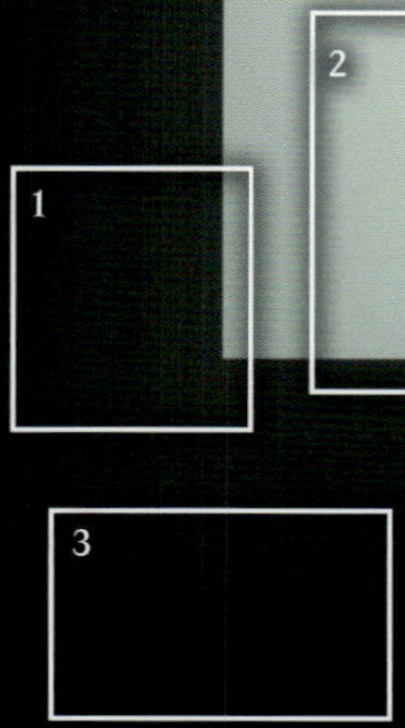

1 Mercedes-Benz 350 SLC, 1971 2 Mercedes-Benz G-Modell, 1979
3 Mercedes-Benz 190/190 E, 1982

Auf dem Weg in neue Marktsegmente

Ob beim „Baby-Benz“ oder bei der Produktoffensive in den 1990er-Jahren: Das Design erlangt immer größere Bedeutung für die erfolgreiche Positionierung neuer Modelle

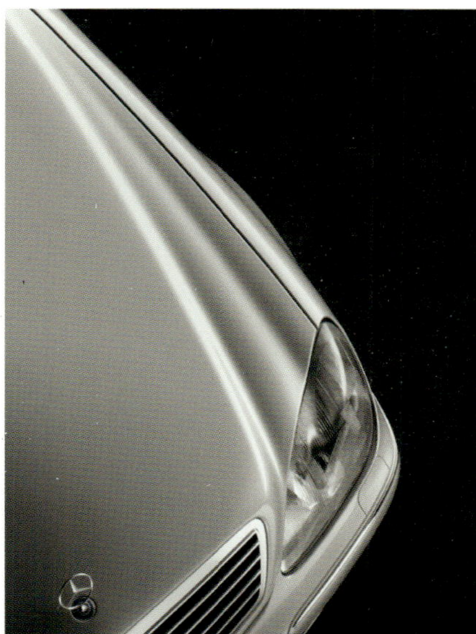

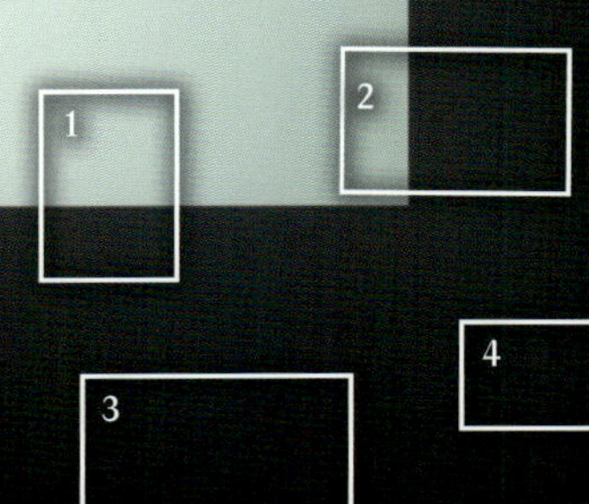

1 Mercedes-Benz S-Klasse, 1998 2 Mercedes-Benz SL, 1989 3 Mercedes-Benz SLK, 1996 4 Mercedes-Benz A-Klasse, 1997

S·LZ 3211

— „Neue Designtrends entstehen durch Mut und Vorstellungskraft. Ohne im Trend mitzuschwimmen, wird unter Einsatz von Mut und Fantasie der Trend selbst bestimmt“

Bruno Sacco,
Chefdesigner von Mercedes-Benz in den Jahren 1975 bis 1999

Ein „Augenblick“ mit Langzeitwirkung

Die ovalen Doppelscheinwerfer der E-Klasse setzen 1995 einen Designtrend, dem auch andere Autohersteller folgen.

Allroundtalent

Als Sports Tourer entspricht die B-Klasse 2005 den Kundenwünschen nach einem kompakten „Raumfahrzeug“ mit dynamischem Design.

Ab 2002 skizzieren die Designer Ideen, die das Vier-Augen-Design ablösen sollen.

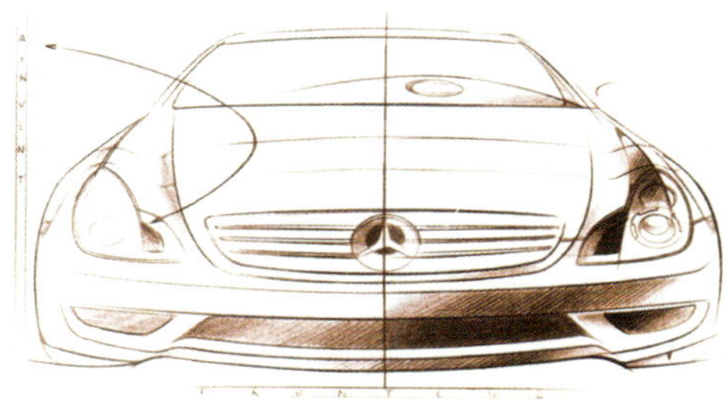

Ein neuer Stil weist den Weg in die Zukunft

Mit neuartigen Fahrzeugkonzepten Trends zu setzen und die Automobilentwicklung zu beeinflussen, das ist seit jeher ein wichtiger Teil der Philosophie von Mercedes-Benz. Der erste Mercedes von 1901, der legendäre 500 K von 1934, der 300 SL „Flügeltürer“ (1954), der „Heckflossen-Mercedes“ mit der ersten Sicherheitskarosserie (1959) oder die A-Klasse von 1997 sind Beispiele dafür: Autos mit einzigartiger Konzeption.

Diese Reihe außergewöhnlicher Modelle setzt Mercedes-Benz im September 2003 fort: Anlässlich der Internationalen Automobil-Ausstellung überrascht man das Publikum mit der Designstudie Vision CLS, dem faszinierenden viertürigen Coupé. Es vereint das starke emotionale Charisma eines Coupés mit dem Komfort und der Funktionalität einer Limousine. Vorstandsmitglied Jürgen Hubbert profiliert die Neuentwicklung als ein „Auto für Kenner“ – es soll Kunden begeistern, die das Besondere suchen und zu schätzen wissen.

Es ist der Höhepunkt einer erfolgreichen Strategie. Punktgenau hatte die Marke in den Jahren zuvor viele neue Modelle am Markt platziert und das biedere, konservative Image früherer Zeiten abgelegt. Mercedes-Benz ist vitaler denn je, doch jetzt – rund zehn Jahre nach Beginn der Produktoffensive – ist auch die Zeit gekommen, um neue Schritte für die Zukunft zu planen. Man sucht nach weiteren, interessanten Marktsegmenten, aber auch nach neuen Designideen, um der Mercedes-Formensprache einen noch emotionaleren Akzent zu geben. Dafür ist der CLS prädestiniert. Denn anders als bei einer Limousine, deren Gestaltung stark vom Zielkonflikt zwischen Form und Funktion geprägt wird, haben die Designer bei dem Coupé deutlich mehr Freiraum. Den nutzen sie und entwerfen eine Karosserie, die zwar vertraute Familienmerkmale der Marke Mercedes-Benz zitiert, aber gleichzeitig ein erfrischend neues Erscheinungsbild prägt. Akzente setzt vor allem die scharf geschnittene „Charakterlinie“, die sich vom vorderen Radkasten über den gesamten seitlichen Karosseriebereich spannt. Durch dieses Element schaffen die Designer eine ausgewogene Balance von Linien und Flächen. Damit ist der CLS, der 2004 in Serie geht, ein wichtiger Wegbereiter für das Design von Mercedes-Benz der nächsten Jahre.

Konsequent entwickelt Peter Pfeiffer, seit April 1999 Nachfolger von Bruno Sacco als Mercedes-Chefdesigner, den neuen Stil weiter. Sein Leitbild ist der moderne Purismus – jene Stilrichtung, die namhafte Künstler und Architekten wie Le Corbusier Anfang des 20. Jahrhunderts als „L'Esprit nouveau“ („Der neue Geist“) beschrieben hatten. Klare geometrische Formen und Linien kennzeichnen ihre Werke und verleihen ihnen dadurch eine besondere ästhetische Ausdruckskraft. Die neue Formensprache von Mercedes-Benz gründet auf den Regeln des Purismus – auf der Reinheit der Formen und dem Verzicht auf übertriebenen Zierrat. Peter Pfeiffer betont vor allem die symbolhafte Wirkung dieser Linienführung: „Gutes Design hat nicht nur die Aufgabe, schöne, faszinierende Einzelprodukte zu schaffen, es geht auch darum, den Charakter der Automobile zu schärfen. Mit dem neuen Designstil heben wir typische Eigenschaften der Mercedes-Modelle hervor – zum Beispiel Souveränität, ein herausragendes Merkmal unserer technisch anspruchsvollen Automobile.“

Ein Markenzeichen des modernen Designs von Mercedes-Benz ist das Wechselspiel aus großen ruhigen Flächen mit scharf gezeichneten Linien. Noch konsequenter als beim CLS setzt Chefdesigner Pfeiffer dieses Konzept bei der S-Klasse des Jahres 2005 um, die damit zum Leitbild einen neuen Mercedes-Stils wird. Dieser Richtung folgen in den Jahren 2006 bis 2008, die M- und GL-Klasse, das CL-Coupé, die C-Klasse und der GLK.

Zu dem neuen Kurs, den das Design von Mercedes-Benz einschlägt, gehört auch ein neues Frontdesign. Während sie das Vier-Augen-Konzept weiterhin durch interessante Neuinterpretationen pflegen, positionieren die Designer bei bestimmten Modellen ein neues „Gesicht“ und bereiten auf diese Weise langsam aber beständig die Ablösung der ovalen Doppelscheinwerfer vor.

2000 bis 2010:

Design im Zeichen des modernen Minimalismus

Weil das Leben immer hektischer und komplexer wird, wächst bei vielen Menschen die Sehnsucht nach Vereinfachung. „Simplify Your Life“ – der Titel des Buchbestsellers wird zu Beginn des 21. Jahrhunderts auch für Produktdesigner zum Mega-Trend. Allen voran steht Jonathan Ive, seit 1996 der führende Gestalter des Computerkonzerns Apple. Sein Konzept ist die Form der Einfachheit, das er in den 1990er-Jahren schrittweise perfektioniert und schließlich 2001 ein wahres Meisterstück präsentiert: den „iPod“. Der kleine Musikspieler überzeugt durch ein klares, minimalistisches Design, das auf den ersten Blick die einfache Handhabung des Geräts symbolisiert. Tatsächlich: Ein einziges Bedienelement, das sogenannte „Scrollrad“ (später „Touch Wheel“) reicht aus, um alle Funktionen zu steuern. Abgerundete Gehäusekanten – ein Markenzeichen des Apple-Designs – und die weiße Gehäusefarbe unterstützen den Eindruck der Einfachheit und wecken zudem Sympathie für das Gerät. So wird der „iPod“ zum stilistischen Prototypen der gesamten Apple-Produktfamilie, die 2007 mit dem „iPhone“ und 2008 mit dem eleganten Computer „iMac“ weitere Klassiker des modernen Produktdesigns aufnimmt.

Dem Apple-Stil „Einfach und gut“ folgen auch andere Elektronikkonzerne und entwickeln technisch anspruchsvolle Geräte mit bewusst minimalistischer Formgestaltung. Einer von ihnen ist die deutsche Firma Loewe, deren TV-Geräte wie der Typ „Connect 26“ regelmäßig zu den Siegern internationaler Designwettbewerbe gehören. Schlicht und schön – diese Attribute treffen ebenso auf die Armbanduhr „Chronograph 600“ des dänischen Designers Jacob Jensen zu, die 2006 mit dem „Red Dot Design Award“ ausgezeichnet wird. Dank ihrer geometrisch-einfachen Formensprache wirkt die Uhr nicht technisch überladen, obwohl sie alle Funktionen eines Chronographen besitzt. Schließlich entdeckt man auch im Möbeldesign das Prinzip der einfachen Raffinesse. Ein Beispiel ist der Beistelltisch Joco der Firma Knoll International, dessen filigrane Konstruktion erst auf den zweiten Blick eine Besonderheit des Möbelstücks erkennen lässt: Ausgelaserte Quadrate auf der runden Tischplatte lassen interessante Muster und Lichtspiele entstehen.

2001
Apple „iPod“ von Jonathan Ive

2006
„Chronograph 600“ von Jacob Jensen

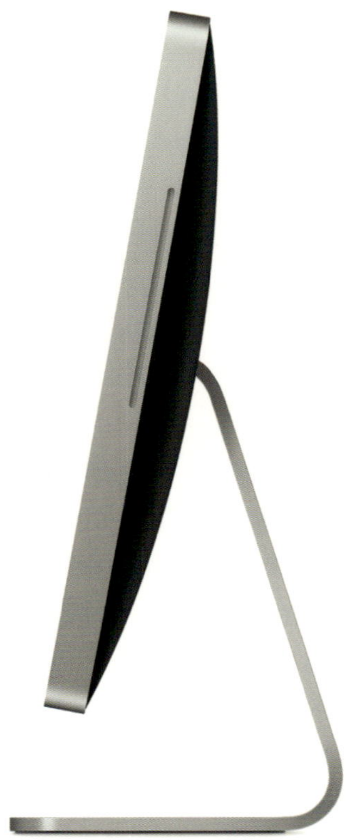

2008
Apple „iMAC“ von Jonathan Ive

2009
Loewe „Connect 26“ von Design 3

2010
Knoll-Beistelltisch „Joco“ von EOOS

PP

Porträt: Peter Pfeiffer

Kontinuität ist eines seiner Leitmotive. Peter Pfeiffer steht aber nicht nur für behutsame, durchdachte Weiterentwicklung, gleichzeitig setzt er auch neue Akzente, für die es keine Vorbilder gibt. So profiliert er sich beispielsweise als Wegbereiter eines der sinnlichsten Autos der letzten Jahrzehnte, des Mercedes-Benz CLS.

Peter Pfeiffer, am 28. August 1943 im sudetendeutschen Dallwitz (heute Tschechien) geboren, beginnt seine berufliche Laufbahn nach einer Ausbildung an der Staatlichen Höheren Fachschule für Porzellan bei den Ford-Werken. In Köln bleibt er von 1963 bis 1968 und wechselt dann in die „Stilistik"-Abteilung von Daimler-Benz. Dort steigt er zum Abteilungsleiter und später zum Abteilungsdirektor auf, bis er im März 1999 das Amt von Bruno Sacco als Direktor des gesamten Designbereichs übernimmt.

Für Peter Pfeiffer ist Design ein Markenzeichen und damit ein Erfolgsfaktor. Mit diesem Grundverständnis prägt er ab Anfang des 21. Jahrhunderts das Erscheinungsbild unterschiedlichster Modelle – von der kompakten A-Klasse bis zum Supersportwagen SLR McLaren, vom „Grand Sports Tourer" R-Klasse bis zum Sportcoupé CLC. Für Pfeiffer ist die Herausforderung über alle Modellreihen stets gleich: „Die Emotionalisierung der Marke habe ich als zentrales Thema meiner Arbeit verstanden."

Ein anderes Kredo seiner Arbeit lautet „Zukunft hat Herkunft": Tradition und Innovation sollten im Einklang stehen, denn darauf beruhe der „stilistische Langzeitwert" der Modelle. „Wer mit großen Schritten voranschreitet, sollte nicht vergessen, auf welchem Weg er bisher gegangen ist", erklärt der frühere Designchef von Mercedes-Benz. „Für eine Traditionsmarke wie Mercedes-Benz wäre es fatal, den Ausgangspunkt aus den Augen zu verlieren. Das gilt sowohl markenpolitisch als auch stilistisch." Deshalb habe Mercedes-Benz eine langfristig angelegte Designstrategie, die auf Kontinuität und Konsequenz gründe. Aber auch auf Emotionen: „Unsere Arbeit ist erfolgreich, wenn die Kunden unsere Automobile nicht nur aus rationalen Gründen kaufen und fahren, sondern gleichermaßen mit Herz und mit Verstand."

Peter Pfeiffer ist Träger des Verdienstkreuzes am Bande des Verdienstordens der Bundesrepublik Deutschland und Professor honoris causa der Universität für Kunst und Design in Budapest. Seit 2007 steht er als Präsident an der Spitze des Rats für Formgebung, dem deutschen Design-Kompetenzzentrum. Nach seiner Pensionierung im Jahre 2008 gründet er in München ein selbstständiges Designbüro.

Rückblende

Ende der 1960er-Jahre beginnt Peter Pfeiffer seine Laufbahn im Designbereich von Mercedes-Benz.

— „Die Idee eines viertürigen Coupés eröffnet interessante Möglichkeiten. Mit seinem anspruchsvollen Design und der exklusiven Ausstattung soll die Vision CLS vor allem jene Menschen ansprechen, für die Autos und Autofahren eine Leidenschaft sind“

Jürgen Hubbert,
Vorstandsmitglied von 1998 bis 2005,
anlässlich der Präsentation der Vision CLS im Jahre 2003

Herzensbrecher

Mit der Vision CLS präsentiert Mercedes-Benz 2003 ein neuartiges Fahrzeugkonzept.

Die Fortsetzung der Produktoffensive

Autos für neue Kunden und ein „Neuer Geist“ fürs Design

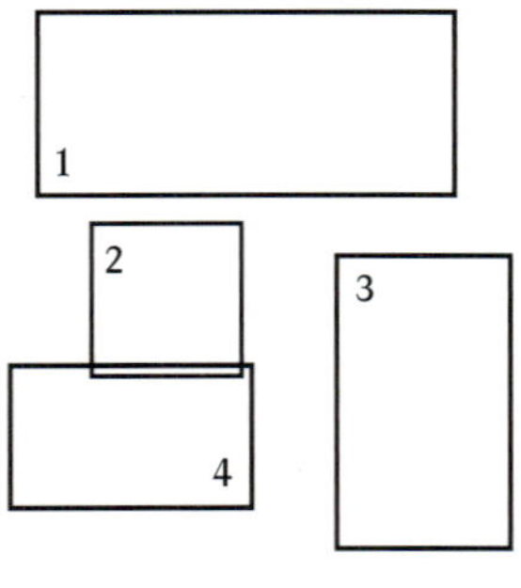

1 Vier-Augen-Design, Modelle von 1995 bis 2002 2 Mercedes-Benz SL, 2001
3 Mercedes-Benz CLK Coupé, 2002 4 Mercedes-Benz SLR McLaren, 2003

DESIGN-CHRONIK: 2000 BIS 2008

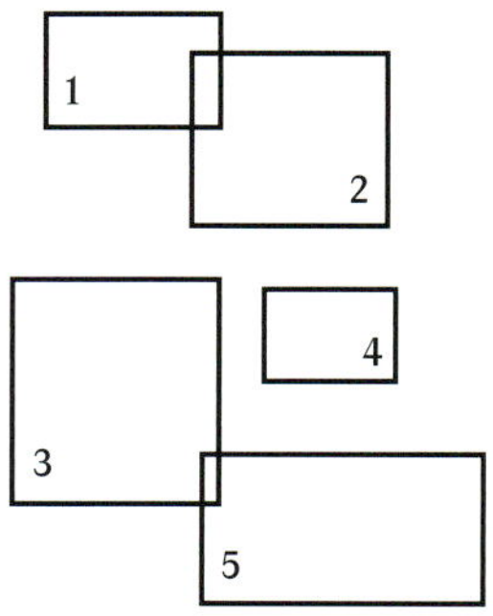

1 Mercedes-Benz E-Klasse T-Modell, 2003 2 Mercedes-Benz E-Klasse, 2002 3 Mercedes-Benz CL-Klasse, 2006
4 Mercedes-Benz GLK, 2008 5 Mercedes-Benz C-Klasse, 2007

SINNBILD

Interessante Perspektiven

— „Licht senden in die Tiefen des menschlichen Herzens – das ist des Künstlers Beruf“

Robert Schumann,
deutscher Komponist 1810 - 1856

— „Der Wert einer Idee liegt in ihrer Umsetzung“

Thomas Alva Edison,
amerikanischer Erfinder 1847 - 1931

— „Eleganz heißt nicht, ins Auge zu fallen, sondern im Gedächtnis zu bleiben“

Giorgio Armani,
italienischer Modedesigner

— „Die Form ist der Ausdruck des inneren Inhalts“

Wassily Kandinsky,
russischer Maler 1866 - 1944

— „Ohne Charakter gibt es keine Schönheit“

Johann Wolfgang von Goethe,
deutscher Schriftsteller 1749 - 1832

Begegnung der eleganten Art

Kleider machen Leute, Autos aber auch. Das zeigt die Skizze von Hans Liska, die Ende der 1950er-Jahre entstand. Die Botschaft: Mit einem Mercedes-Benz ist man stets gut „gekleidet".

IN BESTER GESELLSCHAFT

Vom Simplex zur S-Klasse

HAUTE COUTURE

Luxus auf Rädern

Große Tradition

Die Geschichte der Luxuswagen von Meredes-Benz beginnt schon 1903. Im Jahre 1972 erschien die erste offizielle S-Klasse, deren große Modelltradition mit der neuen Limousine weiterlebt.

Exzellentes Design", „hervorragende Produktqualität", „höchste Sicherheit", „bestes Auto der Welt" – wenn eine Mercedes-Benz S-Klasse zum Wettbewerb antritt, klingt die Laudatio nicht selten wie ein Auszug aus dem Werbeprospekt. Doch es sind unabhängige Juroren, die solche Prädikate seit Jahren immer wieder vergeben und damit bestätigen, was autobegeisterte Menschen in allen Teilen der Erde denken, wenn der Name dieses Automobils fällt: „Mehr geht nicht".

Doch wann beginnt eigentlich die Geschichte dieses Automobils? Offiziell gibt es bei Mercedes-Benz erst ab 1972 eine Modellreihe mit dem Namen S-Klasse. Damals erschienen die Typen 280 S, 280 SE und 350 SE – elegante Limousinen mit mächtigen Doppelstoßstangen und üppigem Chromschmuck. Doch die Wurzeln der Oberklasse von Mercedes-Benz liegen noch viel weiter zurück. Sehr viel weiter: Der Beginn ihrer Geschichte ist eng verknüpft mit der Entstehung des Markennamens Mercedes, den sich der erfolgreiche Geschäftsmann und Automobilenthusiast Emil Jellinek für die ab 1901 produzierten Modelle der Daimler-Motoren-Gesellschaft ausgedacht hatte. Zwar hatte Jellinek vor allem Renn- und Sportwagen im Sinn und erfüllte damit die Wünsche seiner wohlhabenen Kundschaft an der südfranzösischen Riviera, doch er und seine Partner in Stuttgart wussten durchaus, dass allein die damals so beliebten Wettfahrten, Berg- und Langstreckenrennen auf Dauer keine Grundlage für das Automobilgeschäft bilden werden.

So setzte man auch auf einen anderen Trend, der zu Beginn des 20. Jahrhunderts in Europas Highsociety aufkeimte: die Sehnsucht nach Ferne. Wer damals über die notwendigen Mittel verfügte, war oft und lange auf Reisen. Inspiriert von Heinrich Heines „Reisebildern" und Baedekers Reiseführern entdeckte man Europa. Man traf sich in mondänen Kurbädern, reiste zum Skilaufen in die Schweiz, zum Sonnenbaden an die „blaue Küste" Südfrankreichs oder zur Sommerfrische an die Ostsee. Vor allem aber: Man reiste luxuriös und nutzte alle Annehmlichkeiten, die damalige Verkehrsmittel zu bieten hatten. Man reiste mit Kutsche, Luxuszug oder Dampfschiff. Warum also nicht auch mit dem Auto? Jellinek war auch auf diesem Gebiet einer der Pioniere. Im Jahre 1904 bestellte er sich in Stuttgart das Chassis des Topmodells Mercedes-Simplex 60 PS und ließ es sich beim Karosserieschneider „Rothschild et Fils" in Paris als Reiselimousine karossieren. Damit besaß er einen der ersten Luxus-Reisewagen der Marke Mercedes. Der Achtsitzer sorgte nicht nur wegen seiner stattlichen Maße – er war 4,73 Meter lang und 2,54 Meter hoch – für Aufsehen, er unterschied sich auch in einem anderen wichtigen Punkt von den offenen Tourenwagen („Phaetons") jener Zeit: Der Mercedes verfügte nach einem Umbau im Jahre 1910 über eine rundum geschlossene Karosserie und bot dementsprechend deutlich mehr Langstreckenkomfort. Davon profitierte auch der Chauffeur, der entgegen der damaligen Usancen nicht mehr im Freien sitzen musste, sondern ein eigenes Abteil mit Windschutzscheibe und Ledersitzbank hatte.

Luxuriöses Reisen – auf diesem Qualitätsmerkmal gründet die Karriere der großen Limousinen von Mercedes-Benz. Es sind Botschafter einer Kultur der feinen Dinge; Botschafter des europäischen Luxus, der seit jeher zum Leitbild anspruchsvoller Menschen gehört und bis heute in allen Kontinenten tonangebend ist, wenn es um Eleganz, Ästhetik, Innovation und Lebensqualität geht. Mit seiner großen Luxuswagentradition zählt Mercedes-Benz zu den wenigen Automobilmarken, die diesen Stil glaubwürdig repräsentieren und pflegen. So ist die Geschichte der S-Klasse eng verknüpft mit der Geschichte europäischer Kultur und Lebensart – seit zwölf Jahrzehnten.

Acht Sitze, vier Türen und viel Komfort: Jellineks Reiselimousine als erste Mercedes-Luxuslimousine

1904 Mercedes-Simplex 60 PS Reiselimousine, aufgenommen um 1910

1928 Mercedes-Benz Nürburg 460
Pullman-Limousine

Gruppenbild mit Damen – und Chauffeur

Ein großes Auto für einen großen Herrscher – auch Japans Kaiser Hirohito reist im „Großen Mercedes“

1935 Mercedes-Benz 770
„Großer Mercedes“ (W 07)

1951 Mercedes-Benz 220 (W 187)

Wir sind wieder reiselustig – Urlaub in Frankreich

1954 Mercedes-Benz 300
(W 186)

Eine „staatstragende" Limousine – der Dienstwagen von Bundeskanzler Adenauer

1954 Mercedes-Benz 220 (W 180)

Bitte recht freundlich – ein Bild von einem Auto

1961 Mercedes-Benz 300 SE
(W 112)

Mein Haus, mein Garten,
mein Mercedes – so lässt's sich leben

1965 Mercedes-Benz 600
(W 100)

Auf höchster Ebene – die Queen, der Bundeskanzler und ein Landaulet mit Stern. Staatsbesuch 1965.

Klare Linienführung, vornehme Eleganz – und mit V8-Motor der „König der Autobahn"

1965 Mercedes-Benz 250 SE
(W 108)

Die erste Limousine namens
S-Klasse – gut in Form und
sicher auf der Straße

1973 Mercedes-Benz 450 SEL
(Moellreihe 116)

1979 Mercedes-Benz 500 SE
(Modellreihe 126)

Form Follows Function: „Ästhetik, die aus dem Windkanal kommt" heißt es im Verkaufsprospekt

1991 Mercedes-Benz 500 SEL
(Modellreihe 140)

Aufbruch in neue Dimensionen: mit bis zu 5,20 Metern Länge buchstäblich ein „Großereignis"

1998 Mercedes-Benz S 320
(Modellreihe 220)

Wegweisend – in diesem
Auto stecken 340 Patente

2005 Mercedes-Benz S 420 CDI
(Modellreihe 221)

Stilbildend – der
Protagonist einer
neuen Formensprache

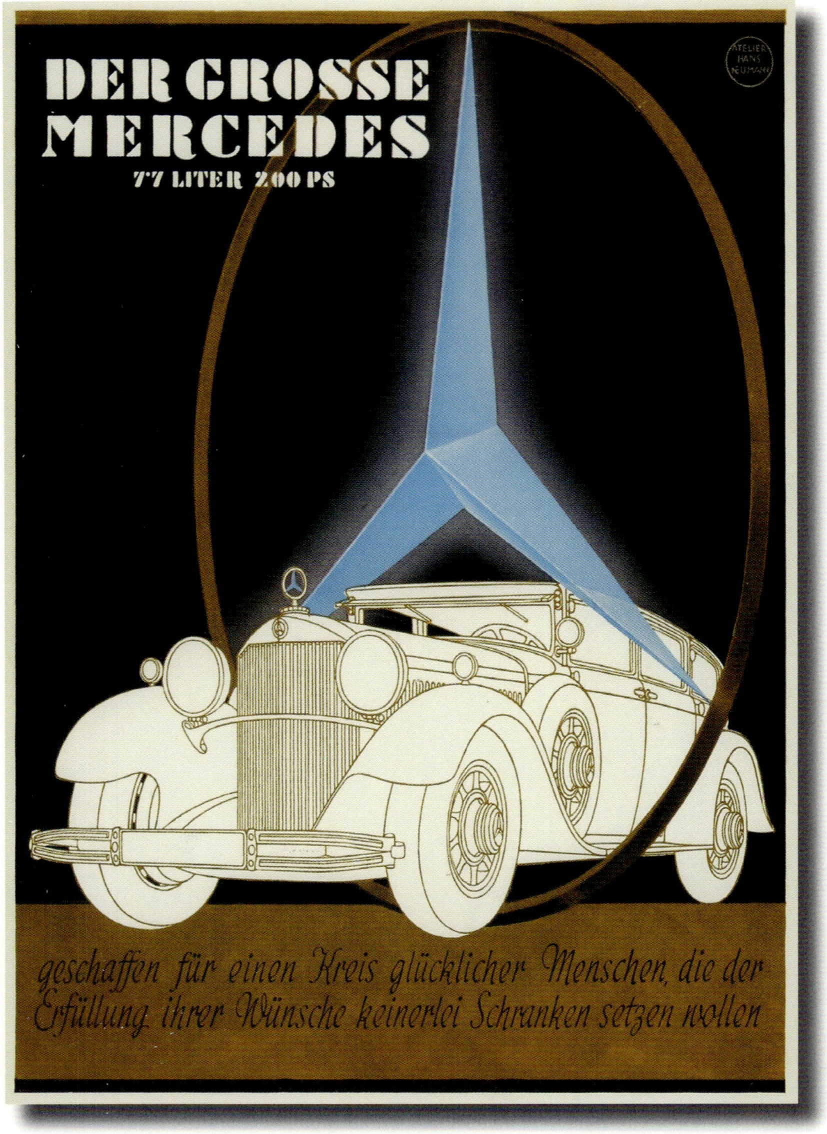

Aus heutiger Sicht erscheint die Besetzung der Führungspositionen in den Konstruktionsbereichen der führenden deutschen Autohersteller der 1920er-Jahre ungewöhnlich: Daimler arbeitete für Horch in Zwickau, Porsche für Mercedes-Benz in Stuttgart. Und beide machten sich vor allem beim Luxuswagenbau mächtig Konkurrenz. Paul Daimler, Sohn des Autopioniers, entwickelte 1926 den Achtzylinderwagen „Horch 8" und übertraf damit die schwäbische Autofirma und deren Chefkonstrukteur Ferdinand Porsche, die „nur" Sechszylindermodelle im Programm hatte.

So begann ein Wettlauf um die Gunst wohlhabender Kunden, der die Automarken zu immer neuen Höchstleistungen anspornte. Im Rahmen dieser Überlegungen entstand in Stuttgart die Idee, für das neue Achtzylindermodell einen bis dato beispiellosen Testmarathon durchzuführen: 13 Tage Dauererprobung auf dem kurz zuvor eröffneten Nürburgring – 20 000 Kilometer nonstop. Diese Rekordfahrt bescherte dem neuen Modell nicht nur Lob und Anerkennung, sondern vor allem auch einen interessanten Namen: Nürburg. IM Oktober 1928 stand der Oberklassewagen im Rampenlicht des Pariser Automobilsalons und stahl den ostdeutschen Konkurrenten nicht nur durch das eindrucksvolle Testpensum, sondern auch durch seinen geräumigen Innenraum und den großvolumigen Motor die Schau. Nur das Design spiegelte diese fortschrittliche Konzeption nicht wider. Im Gegenteil: Die kantige Form wirkte eher bieder und etwas antiquiert. Das änderte sich aber bereits ein Jahr später, nachdem der neue Chefkonstrukteur Hans Nibel – Ferdinand Porsche hatte die Firma verlassen – einen sogenannten Niederrahmen entwickelte, der dank tiefer liegender Karosserie für ein moderneres Erscheinungsbild sorgte als Porsches Hochrahmenchassis. So wirkte das Auto gestreckter und eleganter.

Im September 1930, dem Monat als die Filmkomödie „Die Drei von der Tankstelle" Premiere feierte und über das unbeschwerte Leben vom und mit dem Automobil erzählte, stand in Stuttgart ein neuer Auto-Gigant auf den Rädern: der „Große Mercedes". Bereits der Name symbolisierte das neue Selbstbewusstsein der Automarke und auch der Verkaufsprospekt ließ keinen Zweifel aufkommen, was man mit dieser Limousine beabsichtigte: „Es ist ein Wagen besonderer Note, geschaffen für die verwöhntesten Ansprüche, für den Kreis führender Männer aller Länder, die stets die Forderung nach höchster Leistung und größtem Komfort erheben." Tatsächlich: Der „stärkste Personenwagen Deutschlands" stieß mit dem ersten von Mercedes-Benz serienmäßig produzierten Achtzylinder-Kompressormotor (200 PS), einer Länge von rund 5,60 Meter, 2,7 Tonnen Leergewicht und einem Preis von bis zu 41 000 Reichsmark in wahrhaft kaiserliche Dimensionen vor. Dementsprechend elitär war auch der Kreis seiner Käufer: Bis 1938 wurden nur 117 Exemplare des „Großen Mercedes" hergestellt – allein sechs Limousinen lieferte man an den japanischen Kaiser, während der ehemalige deutsche Kaiser Wilhelm II. in der siebensitzigen Variante „Cabriolet F" reiste. Die Form entsprach dem repräsentativen Charakter dieses Automobils. Vor allem die Karosserie der Pullman-Limousine wirkte mit ihrem kastenförmigen Aufbau wie eine Burg, während der mächtige Kühler von der Souveränität dieses Wagens (und seiner Besitzer) kündete.

So war der „Große Mercedes" zweifellos kein stilistischer Trendsetter, doch sein Komfort und seine Ausstattung setzten Maßstäbe und trugen zum Image von Mercedes-Benz als einer der führenden Hersteller von Luxusautomobilen bei.

Große Worte für ein großes Auto

Das Werbeplakat für den „Großen Mercedes" aus dem Jahre 1930 lässt keinen Zweifel, für wen diese Limousine bestimmt ist.

Nach dem Zweiten Weltkrieg und der wirtschaftlichen Stunde Null brauchte Mercedes-Benz nur sechs Jahre, um den Anschluss an die eigene Luxuswagen-Tradition zu schaffen. Westdeutschland nahm Anlauf zum sogenannten Wirtschaftswunder und schon bald verlangten die Industriekapitäne nach Automobilen mit Status und Prestige. Der Chef von Daimler-Benz, Wilhelm Haspel, erkannte die Situation und gab Ende 1947 einen klaren Auftrag an seine Ingenieure: „Was fehlt, ist ein Fahrzeug, das den Namen Mercedes-Benz wieder vergoldet." Nur: Die finanzielle Lage des Unternehmens war alles andere als rosig, sodass man bescheiden bleiben musste. 1949 erschien mit dem Typ 170 S (W 136) wieder ein „Chefwagen", doch dessen Karosserie und Technik stammten noch aus der Vorkriegszeit.

Deshalb blickten Kunden und Journalisten im Frühjahr 1951 voller Spannung nach Frankfurt/Main, wo erstmals die Internationale Automobil-Ausstellung stattfand. Hier enthüllte Mercedes-Benz gleich zwei Topmodelle: den Typ 220 (W 187), dessen Fahrwerk und Karosserie noch auf dem 170 S basierte, und das neu entwickelte Modell 300 (W 186), das als größter und schnellster deutscher Serienwagen gefeiert wurde. Manche Kommentatoren sprachen erfurchtsvoll vom „Großen Mercedes" und erinnerten damit an die legendären Luxusmodelle der Vorkriegszeit. Ganz so groß war der Typ 300 zwar nicht, doch auch mit 4,95 Metern Länge und 1,84 Metern Höhe galt die Limousine als unübersehbare Erscheinung im Straßenbild jener Jahre. Zu den Persönlichkeiten, die sich im Mercedes-Benz 300 chauffieren ließen, gehörten der schwedische König Gustaf Adolf, der Schah von Persien sowie Filmstars wie Gary Cooper, Errol Flynn und Ava Gardner. Auch in der Bundeshauptstadt Bonn war man sich einig und orderte die Limousine als Dienstwagen für Bundespräsident Theodor Heuss und Bundeskanzler Konrad Adenauer, der zum treuesten Fan des Wagens wurde und ihn auch bei Auslandsreisen wie dem historisch bedeutsamen Moskau-Besuch im Jahre 1955 nicht missen wollte. Kein Wunder, dass heute weniger die offizielle Typbezeichnung des Autos als vielmehr der Begriff „Adenauer-Mercedes" in Erinnerung ist.

Zwar berichtete der Prospekt des Typs 300 von „klassischer Schönheit im modernen Gewand", doch als „modern" konnte man die rundliche Karosserie mit ihren üppigen, barocken Formen im Grunde genommen nicht bezeichnen.

Andere Hersteller waren Anfang der 1950er-Jahre zum Teil schon einen Schritt weiter und präsentierten Modelle im US-amerikanischen Stufenheckdesign („Three-Box"-Konzeption) mit selbsttragender Karosserie. Das holte Mercedes-Benz 1953 nach: zuerst in der Mittelklasse mit dem neuen Typ 180 (W 120) und ein halbes Jahr später auch in der Oberklasse mit dem Sechszylindermodell 220 (W 180). Schnörkellos und nüchtern erinnerte die Silhouette des Neulings entfernt an einen kastenförmigen Schwimmkörper, einen Ponton. Daher die Bezeichnung des neuen Konzepts: Ponton-Karosserie.

Im Herbst 1959 wurden die „Ponton"-Sechszylinder von einer Oberklasse-Limousine abgelöst, die wiederum einen neuen Designstil verkörperte. Die Rede ist von der „Heckflosse", jenem Mercedes-Benz mit den markanten Heckkotflügeln. Auch er gilt als ein Auto der besonderen Art – nicht nur wegen der Karosserieform, sondern auch vor allem wegen seiner Sicherheitstechnik. Ihr Kernstück war die von Béla Barényi erfundene Knautschzone, die beim Zusammenstoß einen Großteil der Aufprallenergie absorbierte und den Insassen dadurch deutlich mehr Sicherheit bot als die starren Strukturen, die in früheren Jahren beim Karosseriebau üblich waren.

Glücklich unterwegs

Die Werbung für die Oberklasse der 1960er-Jahre verspricht eine „besondere Erfahrung".

1903 bis 1906: Mercedes-Simplex 60 PS

1928 bis 1939: Mercedes-Benz Nürburg Typ 500 N (W 08)

— „Die S-Klasse schöpft ihre Begehrlichkeit aus den klassischen Tugenden eines Mercedes-Benz – aus der Verbindung von Vernunft und Emotion“

Dieter Zetsche,
Vorstandsvorsitzender der Daimler AG und
Leiter Mercedes-Benz Cars

1951 bis 1954: Typ 220 (W 187)

1963 bis 1981: Typ 600 (W100)

1965 bis 1972: Modellreihe W 108/109

1991 bis 1998: S-Klasse (Modellreihe140)

1998 bis 2005: S-Klasse (Modellreihe 220)

1930 bis 1944: Mercedes-Benz 770 „Großer Mercedes“ (W 07/W 150)

1951 bis 1962: Typ 300 „Adenauer“ (W186/W 189)

1954 bis 1959: „Ponton“-Sechszylinder (W 180/128/105)

1959 bis 1965: „Heckflosse“-Sechszylinder (W 111/112)

1972 bis 1980: S-Klasse (Modellreihe 116)

1979 bis 1992: S-Klasse (Modellreihe 126)

2005 bis 2013: S-Klasse (Modellreihe 221)

Ab 2013: S-Klasse (Modellreihe 222)

Von barock bis modern

Die Mercedes-Benz-Limousinen zeugen vom raschen Wandel des Automobildesigns in den 1950er- und 1960er-Jahren.

Rückblickend gelten die kantigen Heckkotflügel im „Jet-Styling“ nur als modischer Gag ohne Langzeitwirkung. Trotzdem prägte die Limousine das Design der Personenwagen von Mercedes-Benz – und zwar gleich auf mehreren Gebieten: Die Typen 220, 220 S und 220 SE waren die ersten Modelle der Stuttgarter Marke mit großen, senkrecht stehenden Scheinwerfern, horizontal angeordneten Rückleuchten und „Vollsichtscheiben“, die an den Seitenbereichen leicht nach innen gewölbt wurden und sich somit harmonisch in die Gesamtlinie einfügten. Auch die Kühlermaske zeigte ein neues Gesicht; sie war nicht nur deutlich niedriger als bei den Vorgängern, sondern ging auch sichtbar in die Breite und entsprach somit dem moderneren Stil der frühen 1960er-Jahre.

Diese Designmerkmale wurden in den folgenden Jahren zu charakteristischen Kennzeichen aller Modelle von Mercedes-Benz – abgesehen von den „Heckflossen“ war der S-Klasse-Vorgänger also ein wichtiger stilistischer Wegbereiter für die Stuttgarter Automarke.

Einen wirklich „Großen Mercedes“ präsentierte Mercedes-Benz wieder im Jahre 1963. Er war in der Pullman-Version stolze 6,24 Meter lang, 1,95 Meter breit, brachte fast 2,8 Tonnen auf die Waage und kostete 63 500 Mark. Am Kofferraumdeckel der Limousine stand allerdings nur eine dreistellige Zahl: „600“.

Man berichtete vom „fortschrittlichsten Automobil seiner Zeit“ und betonte, das seine technischen Besonderheiten „in dieser Summierung in keinem anderen Automobil der Welt enthalten sind“. Dazu gehörten unter anderem Luftfederung, während der Fahrt verstellbare Stoßdämpfer, Servobremsen, elektronisch gesteuerte Heizung, Klimaanlage und eine sogenannte „Komforthydraulik“, die nicht nur Sitze, Fensterheber und Schiebedach in die gewünschten Positionen brachte, sondern auch die Türen schloss. 17 Jahre blieb das stattliche Modell im Programm von Mercedes-Benz. Unter den rund 2600 Käufern waren nicht nur Kaiser und Könige, Präsidenten und Patriarche, sondern auch viele Mode- und Musikstars – von Coco Chanel über Herbert von Karajan bis John Lennon.

Während gekrönte Häupter, Staatsgäste und andere Prominente in den „Sechshunderter" einstiegen, profitierten auch die Kunden der „kleineren" Modellreihen 108/109 von dem Spitzenmodell der Marke. Stichwort Technologie-Transfer: Der 300 SEL 6.3 wurde 1968 mit dem V8-Motor der High-end-Luxuslimousine ausgestattet und erhielt aufgrund seiner souveränen Fahrleistungen bald den Beinamen „König der Autobahn". Auch stilistisch sendeten die erstmals im Jahre 1965 präsentierten Limousinen 250 S, 250 SE, 300 SE und 300 SEL neue Signale: Allen Modellen war eine von Paul Bracq gezeichnete Karosserie gemeinsam, deren klare Linienführung auf modisches Beiwerk verzichtete und die mit ihrer zurückhaltenden Eleganz noch heute eine gute Figur macht.

Der Erfolg des 300 SEL 6.3 zeigte den Produktplanern, dass Achtzylinderkomfort in der Oberklasse nun das Maß aller Dinge war. So startete man die Entwicklung einer neuen Motorenbaureihe, die im Herbst 1969 erstmals präsentiert wurde. Das V8-Triebwerk mit 200 PS und 3,5 Litern Hubraum ging zwar bereits 1969 mit dem 300 SEL 3.5 in Serie, doch seine eigentliche Karriere begann erst im September 1972, als die neue Oberklasse-Limousine erschien. Jetzt war das „S" auf dem Kofferraumdeckel nicht länger auf die Typenbezeichnung beschränkt, sondern wurde namensprägend für die ganze Modellreihe; erstmals sprach man von der S-Klasse und übersetzte den Kennbuchstaben mit dem Begriff „Sonderklasse". Das galt auch für das Design: straffe Linienführung, große, kaum gewölbte Flächen, üppiger Chromzierrat – eine massige Skulptur auf Rädern. Die neuen Breitbandscheinwerfer, die Doppelstoßstangen und die Kühlermaske im modernen Querformat bestimmten den selbstbewussten Auftritt der Limousine, die laut Werbung das „Autofahren in eine neue Dimension" rückte. Während der achtjährigen Produktionszeit der Modellreihe 116 begann der weltweite Siegeszug der Mikro-Elektronik, die schließlich einen technischen Meilenstein besonderer Art ermöglichte: Das Anti-Blockier-System (ABS) feierte im Herbst 1978 in den Top-Modellen von Mercedes-Benz Weltpremiere.

Mit über 473 000 Exemplaren war die Modellreihe 116 die bis dahin erfolgreichste Oberklasseserie von Mercedes-Benz. Doch auch dieser Erfolg ließ sich übertreffen: Das Nachfolgermodell (Baureihe 126) stand im Herbst 1979 auf der Internationalen Automobil-Ausstellung in den Startlöchern, blieb zwölf Jahre im Programm und brach mit insgesamt über 818 000 Limousinen alle Rekorde. Gemessen an der von 1979 bis 1991 erreichten Stückzahl ist es bis heute die erfolgreichste S-Klasse aller Zeiten.

Ihr Design entsprach dem Zeitgeist der frühen 1980er-Jahre und symbolisierte eine neue Sachlichkeit: „Der Stil der neuen S-Klasse ist kompromisslos funktionell", informierte der Werbeprospekt und sprach von „straffer Eleganz, die der Logik der neuen Technik entspricht". Im Vergleich zum Vorgänger wurden Größe und Anzahl der Chromzierteile sichtbar reduziert. Erstmals hatte ein Personenwagen von Mercedes-Benz keine Stoßstangen im klassischen Sinn, sondern stattdessen großzügig dimensionierte Stoßfänger aus Kunststoff, die formschlüssig in Bug- und und Heckschürze integriert wurden.

Aus Kunststoff bestanden auch die seitlichen Schutzleisten, die eine optische Verbindung zwischen Front- und Heckpartie bildeten. „Das Auto wurde leichter, auch fürs Auge. Wir haben den Auffälligkeitsgrad verringert und die Ornamentik reduziert", erklärte Chefdesigner Bruno Sacco das gestalterische Konzept der S-Klasse, das in enger Zusammenarbeit mit den Aerodynamikingenieuren entwickelt worden war. Das Ergebnis: ein damals beachtlicher Luftwiderstandsbeiwert (c_w-Wert) von nur 0,36.

Auf dem Genfer Automobil-Salon im März 1991 erblickte schließlich das lang erwartete Nachfolgermodell das Licht der Autowelt – und wurde prompt zum Thema kontroverser Debatten. Die wuchtige Erscheinung der Limousine polarisierte und rief Kritik hervor. Doch bei Mercedes-Benz war man der Ansicht, dass die Zeit reif für ein klares Statement zum Thema S-Klasse war – für ein Bekenntnis zum herausragenden Status dieser Modellreihe und ihrem Weg in die Zukunft. Deshalb wollte man Zeichen setzen: Gegenüber dem Vorgänger wuchs die Karosserie in allen Dimensionen. Komfort wurde groß geschrieben. Die neue S-Klasse der Baureihe 140 sollte ihre Passagiere so gut wie nur möglich von den unangenehmen Dingen des Autofahrens abschirmen. Konsequenz: ein möglichst großer Innenraum, dazu Doppelverglasung sowie völlig neu konstruierte, laufruhige Vierventilmotoren und aufwändig von der Karosserie entkoppelte Achsen. Das Design basierte auf einem „neuen Formenfluss". Damit meinten die Designer zum Beispiel die weichen Übergänge von der Motorhaube zum Dach und von der C-Säule ins Heck. Zu diesem formschlüssigen Konzept gehörte auch die Kühlermaske: Sie erschien nicht mehr als großes aufgesetztes Denkmal aus Chrom, sondern wurde – erstmals für die S-Klasse – in die Frontpartie integriert und somit ein harmonischer Bestandteil des Designs.

Gesichtspflege

Vom Vorgängermodell unterscheidet sich die S-Klasse des Jahres 1991 nicht nur durch ein noch stattlicheres Erscheinungsbild, sondern auch durch ein neues Designkonzept für die Kühlermaske. Sie wurde bündig in die Frontpartie integriert.

1951 bis 1962: Typ 300 „Adenauer (Modellreihe 186/189)

1954 bis 1959: „Ponton“-Sechszylinder (W 180/128/105)

1959 bis 1965: „Heckflosse“-Sechszylinder (W 111/112)

1963 bis 1981: Typ 600 (W 100)

1965 bis 1972: Modellreihe W 108/109

1972 bis 1980: S-Klasse (Modellreihe 116)

Erfolgstypen

Seit Beginn der 1950er-Jahre hat Mercedes-Benz weltweit mehr als 3,5 Millionen Limousinen der Luxusklasse verkauft

Willkommen im Club

Die neue S-Klasse trifft ihre Vorgängermodelle aus den Jahren 1998 und 2005 – die Fortsetzung einer großen Modelltradition.

Doch die Zeiten änderten sich und Mitte der 1990er-Jahre steuerte Mercedes-Benz einen neuen Kurs, um noch mehr Kunden zu gewinnen. Eine neue Ära hatte begonnen und das Design sollte das moderne, progressive Markenbild zum Ausdruck bringen – auch in der S-Klasse der Baureihe 220, die 1998 am Start stand. Mit zukunftsgerichteter Fantasie, aber auch akribischer Detailarbeit, hatten die Designer typische Familienmerkmale in moderner Interpretation aufgefasst und gleichzeitig für Oberklasse-Limousinen einen neuen, eigenständigen Weg betreten. Man nannte es „coupéhafte Limousine". Diese Eigenschaft offenbarte sich am deutlichsten in der seitlichen Ansicht: Die starke Neigung und die fließende Linienführung der A- und C-Säule formten eine lang gestreckte Silhouette, die tatsächlich die Eleganz und das Temperament eines Coupés reflektierte. In der Frontpartie erschienen Scheinwerfer, die ein Lächeln symbolisierten, und eine Kühlermaske, deren frühere Dominanz noch weiter zurückgenommen wurde und die noch mehr dem Linienfluss des Frontdesigns folgte.

Bei alledem wurde die S-Klasse auch ihrer Rolle als Technologie-Trendsetter gerecht. In der Limousine steckten 30 Neuentwicklungen und rund 340 Patente. Besonders hervorstechend waren der radarbasierte Abstandregeltempomat DISTRONIC und ab 2002 das vorbeugende Insassen-Schutzsystem PRE-SAFE.

Mit dem Nachfolger bot Mercedes-Benz ab 2005 erneut den höchstmöglichen Stand in puncto Sicherheit und Entlastungskomfort. Die Skala reichte vom neuen Anzeige- und Bediensystem über Ambientebeleuchtung und Massagesitz bis zum Nachtsicht-Assistenten und der PRE-SAFE-Bremse, die das Auto vor einem drohenden Unfall automatisch abbremsen kann. Das Design spiegelte einen „neuen Geist" wider, einen neuen Mercedes-Stil, der sich auf das Wesentliche konzentrierte: auf das Zusammenspiel von Flächen und Linien. Bewusst verzichteten die Designer auf übertriebenen Zierrat und realisierten eine eher puristische Formgestaltung mit großen, sanft modellierten Karosserieflächen, die durch straff gezogene Linien strukturiert wurden. So entstand ein modernes Kunstwerk auf Rädern, das bei aller formaler Zurückhaltung durchaus Aufmerksamkeit weckte und Präsenz erzeugte.

Sommer 2013: Jetzt ist die neue S-Klasse (Modellreihe 222) an der Reihe, das Erbe ihrer Vorgänger zu pflegen, sich an die Spitze einer traditionsreichen Modellreihe zu stellen und diese Tradition mit neuen Impulsen für die Zukunft zu beleben.

Gipfeltreffen

Die Luxus- und Oberklasse von Mercedes-Benz seit 1903 –
Traumwagen, Trendsetter und Stil-Ikonen

1
Ab 2013: S-Klasse, Modellreihe 222
Sechs und acht Zylinder, 3,0 bis 4,7 Liter Hubraum, 258 bis 435 PS
(190 bis 320 kW)

2
2005 bis 2013: S-Klasse, Modellreihe 221
Vier, sechs, acht oder zwölf Zylinder, 2,2 bis 6,3 Liter Hubraum, 204 bis 630 PS
(150 bis 463 kW)

3
1998 bis 2005: S-Klasse, Modellreihe 220
Sechs, acht oder zwölf Zylinder, 2,8 bis 6,3 Liter Hubraum, 197 bis 612 PS
(145 bis 450 kW)

4
1991 bis 1998: S-Klasse, Modellreihe 140
Sechs, acht oder zwölf Zylinder, 2,8 bis 6,0 Liter Hubraum, 150 bis 408 PS
(110 bis 300 kW)

1

43-M

Vom Simplex zur S-Klasse

Luxuswagen der Marke Mercedes-Benz aus zwölf Jahrzehnten

10
1954 bis 1959: „Ponton"-Sechszylinder
(Modellreihen 180/128/105)
Sechs Zylinder, 2,2 Liter Hubraum, 85 bis 115 PS
(63 bis 85 kW)

11
1951 bis 1962: Typ 300 (Modellreihen W 186/189)
Sechs Zylinder, 3,0 Liter Hubraum, 115 bis 160 PS
(85 bis 118 kW)

12
1951 bis 1954: Typ 220 (W 187)
Sechs Zylinder, 2,2 Liter Hubraum, 80 PS (59 kW)

13
1930 bis 1944: Typ 770 „Großer Mercedes" (W 07/150)
Acht Zylinder, 7,7 Liter Hubraum, 150 bis 230 PS (110 bis 169 kW)

14
1928 bis 1939: Nürburg 500 N (W 08)
Acht Zylinder, 4,6 bis 4,9 Liter Hubraum, 80 bis 110 PS (59 bis 81 kW)

15
1903 bis 1906: Mercedes-Simplex 60 PS
Vier Zylinder, 9,2 Liter Hubraum, 60 PS (44 kW)

7
1965 bis 1972: Modellreihe W 108/109
Sechs oder acht Zylinder, 2,5 bis 6,3 Liter Hubraum, 130 bis 250 PS (96 bis 184 kW)

5
1979 bis 1991: S-Klasse, Modellreihe 126
Fünf, sechs oder acht Zylinder, 2,6 bis 5,6 Liter Hubraum, 121 bis 300 PS (89 bis 220 kW)

8
1963 bis 1981: Typ 600 (W 100)
Acht Zylinder, 6,3 Liter Hubraum, 250 PS (184 kW)

6
1972 bis 1980: S-Klasse, Modellreihe 116
Fünf, sechs oder acht Zylinder, 2,8 bis 6,9 Liter Hubraum, 111 bis 286 PS (82 bis 210 kW)

9
1959 bis 1965: „Heckflosse“-Sechszylinder (W 111/112)
2,2 bis 3,0 Liter Hubraum, 95 bis 170 PS (70 bis 125 kW)

Die Deutsche Nationalbibliothek verzeichnet diese Publikation in der Deutschen Nationalbibliografie. Detaillierte bibliografische Daten sind im Internet unter www.dnb.de abrufbar.

1. Auflage 2013
ISBN 978-3-9814397-5-5

Das Buch ist auch in englischer Sprache erschienen: ISBN 978-3-9814397-6-2

Herausgeber:
ISS DEBEOS STUDIOS
Kolumbusstraße 42, D-71063 Sindelfingen
Ein Unternehmen der ISS Facility Services GmbH, Düsseldorf
www.de.issworld.com

Autoren:
Christof Vieweg (Konzeption, Redaktion und Texte)
Harry Ruckaberle (Fotografie)

Fotos: Michele di Miero, Dustin Schwing, Hans-Jürgen Wiesner
Bildbearbeitung und fotografisches Artwork: Sandra Martens
Mitarbeit: Ralf Klenner, Gregor Claudio Vykruta, Jörg Weusthoff, Peter Weyer

Lithografie: d&d digital data medien GmbH
Druck: Nino Druck GmbH, Im Altenschemel 21, D-67435 Neustadt/Weinstraße
Printed in Germany 2013

Die Autoren danken Norbert Giesen und Christoph Horn von Mercedes-Benz Cars Global Communications für die freundliche Unterstützung dieses Buchprojekts. Besonderer Dank gilt auch Maria Feifel, Dennis Heck und Gerhard Heidbrink von den Mercedes-Benz Classic Archiven für ihre tatkräftige Unterstützung der Recherchen und Fotoshootings sowie für ihre fachliche Beratung bei Themen über die Geschichte der Marke Mercedes-Benz und ihrer Modelle. Ebenso haben wir uns bei Monika Peter und Christoph Knecht von Mercedes-Benz Classic Archive für die Bereitstellung der historischen Automobile und die Unterstützung der Fotoshootings zu bedanken.

Bildnachweis:
Seiten 88, 121, 128, 131, 132-134, 136/137, 140/141, 142-144, 150-154, 160/161, 162-164, 166-174, 176-179, 194-201, 202/203: Daimler AG, Mercedes-Benz Classic Brand Communications. Seite 24: lunamarina-Fotolia.com; Seite 33: Mauritius Images/Westend61. Seiten 34/35: Mauritius Images/OJO Images. Seiten 36/37: Mauritius Images/Hans Lippert. Seiten 38/39: Mauritius Images/Christian Heinrich. Seite 40: Mauritius Images/Konrad Wothe. Seite 62: bpk, Bildagentur für Kunst, Kultur und Geschichte. Seite 64: Ghia. Seite 66: Ullstein Bild-Roger Viollet. Seite 67: Procter & Gamble GmbH. Seite 135: Burberry Ltd., Montblanc GmbH, Thonet GmbH, Knoll International S.p.A., Targetti Poulsen GmbH. Seiten 140/141: lassedesignen-fotolia.com. Seite 145: Zwiesel Kristallglas AG, Jaeger-LeCoultre, Thonet GmbH, Hermès International, Prozellanmanufaktur Fürstenberg GmbH. Seiten 150/151: Guido Vrola-Fotolia.com. Seiten 152, 154: Jan Engel-Fotolia.com. Seite 155: Seibel Designpartner GmbH, Vitra AG, USM U. Schärer Söhne AG, Olivetti SpA, Helit innovative Büroprodukte GmbH. Seiten 160/161: Christian Nitz-Fotolia.com; Seiten 162, 164: ThesIMPLIFY-Fotolia.com. Seite 165: Stelton A/S, Swatchgroup AG, COR Sitzmöbel Helmut Lübke GmbH, Bang & Olufsen a/s, Artemide S.p.A.. Seiten 168/169: Piai-Fotolia.com. Seiten 172, 174: Andreas F.-Fotolia.com. Seite 175: Apple Inc., Jacob Jensen, Loewe AG, Knoll International S.p.A.. Seiten 178/179: Spofi-Fotolia. com. Alle anderen Fotos: ISS DEBEOS STUDIOS.

Bildnachweis für Kunstreproduktionen:
Seite 70: Andy Warhol Mercedes-Benz 300 SL Coupé, 1954, 1986 Siebdruck, Acryl auf Leinwand 102 x 153 cm bzw. 152 x 128 cm, Daimler Kunst Sammlung, Stuttgart/Berlin, Foto: Uwe Seyl, Stuttgart, Artists Rights Society 2012. Seite 190: Hans Liska, VG Bild-Kunst, Bonn 2012

ISS DEBEOS STUDIOS
Kolumbusstraße 42, D-71063 Sindelfingen
Telefon +49 7031 437530
E-Mail: harry.ruckaberle@debeos-studios.de
www.debeos-studios.de

DEBEOS STUDIOS